ACADÉMIE ROYALE

DES SCIENCES, DES LETTRES ET DES BEAUX-ARTS DE BELGIQUE.

VÉGÉTAUX FOSSILES

DES

TERRAINS HOUILLERS DE LA BELGIQUE,

PLANCHES PAR

M. Le Dr SAUVEUR,

MEMBRE DE LA CLASSE DES SCIENCES DE L'ACADÉMIE ROYALE DE BELGIQUE.

1848.

M. HAYEZ, IMPRIMEUR DE L'ACADÉMIE ROYALE DE BELGIQUE.

TABLE DES PLANCHES [1].

PLANCHE I.   Calamites *déformées par la pression.*
— II.   —   approximatus.
— III.   —   Suckowii.
— IV.   —   Suckowii, 1 et 2.
— V.   —   undulatus, 1, 2 et 3.
— VI.   —   distans.
— VII.   —   Artisii, 1, 2 et 3.
— VIII.   —   undulatus, 1. Cal. Artisii, 2. Cal. Cistii, 3.
— IX.   —   Cistii, 1. Cal. ramosus, 2 et 3.
— X.   —   ramosus, 1 et 2.
— XI.   —   Cistii, 1 et 2. Cal. Suckowii, 3.
— XII.   —   cannaeformis, 1 et 2. Cal. nodosus, 3.
— XIII.   —   insignis, 1 et 2.
— XIV.   Sphaenopteris   grandifrons.
— XV.   —   latifolia, 1. Sph. obtusiloba, 2.
— XVI.   —   elegans, 1 et 2. Sph. obtusiloba, 3.
— XVII.   —   dissecta, 1. Sph. alata, 2.
— XVIII.   —   furcata, 1 et 2. Sph. elegans, 3. Sph. latifolia, 4.
— XIX.   —   stricta, 1. Sph. trifoliata, 2. Sph. distans, 3.
— XX.   —   artemisiaefolia, 1, 2 et 3.
— XXI.   —   trifoliata.
— XXII.   —   rigida, 1. Sph. Haninchausii, 2
— XXIII.   —   distans, 1 et 2. Sph. multifida, 3 et 4. Sph. delicatula, 5.
— XXIV.   —   acuta, 1. Sph. rigida, 2.
— XXV.   —   obtusiloba, 1. Sph. delicatula, 2.
— XXVI.   Otopteris cycloïdea, 1 et 2. Otopt. reniformis, 3.
— XXVII.   —   gibbosa, 1 et 2. Otopt. semicordata, 3.
— XXVIII.   —   undulata, 1 et 2. Otopt. cycloïdea, 3.
— XXIX.   —   undulata, 1 et 2. Neuropteris heterophylla, 3 et 4.
— XXX.   Neuropteris heterophylla, 1 et 2. Neur. microphylla, 3.
— XXXI.   —   Loshu, 1 et 2. Neur. gigantea, 3 et 4.
— XXXII.   —   flexuosa, 1 et 2.
— XXXIII.   —   gigantea, 1. Neur. flexuosa, 2. Neur. auriculata, 3.
— XXXIV.   —   Dufresnoii, 1. Neur. Scheuchzeri, 2.
— XXXV.   Neoropteris flexuosa, 1, 2 et 3. Odontopteris appendiculata, 4.
— XXXVI.   Pecopteris multiformis, 1. Pecopt. brachyloba, 2 et 3.

---

[1] La plupart de ces planches faisaient partie d'un écrit intitulé : *Mémoire contenant des recherches sur les végétaux fossiles des terrains houillers de la Belgique*, présenté à l'Académie par M. Sauveur, le 2 mai 1829.

Planche XXXVII. Pecopteris Hoffmanni, 1. Pecopt. rugosa, 2.
— XXXVIII.   —   hannonica.
— XXXIX.   —   cyathea, 1. Pecopt. arborescens, 2. Pecopt. oreoptedius, 3.
— XL.   —   Mantelli, 1 et 2. Pecopt. lonchitica, 3.
— XLI.   —   lonchitica, 1 et 2.
— XLII.   —   Rantelli, 1. Pecopt. Davreuxii, 2 et 3. Pecopt lonchitica, 4 et 5.
— XLIII.   —   muritica, 1. Pecopt. gigantea, 2 et 3.
— XLIV.   —   nervosa, 1. Pecopt. muricata, 2. Pecopt. hannonica, 3.
— XLV.   —   Volckmanni, 1, 2, 3 et 4.
— XLVI.   —   amoena.
— XLVII.   —   heterophylla.
— XLVIII. Lonchopteris elegans, 1, 2 et 3. Lonch. elongata, 4.
— XLIX.   —   suracuta, 1 et 2. Lonch. pectinata, 3 et 4.
— L.   Sigillaria reniformis, 1. Sig. laevis, 2.
— LI.   —   peltata, 1. Sig. ovata, 2.
— LII.   —   contigua, 1. Sig. pulchella, 2.
— LIII.   —   sexangula, 1. Sig. notata, 2. Sig. tessellata, 3.
— LIV.   —   antiqua, 1. Sig. gigantea, 2.
— LV.   —   distans, 1. Sig. minuta, 2. Sig. alternans, 3.
— LVI.   —   mamillaris, 1. Sig. elongata, 2 et 3. Sig. Davreuxii, 4. Sig. angustata, 5.
— LVII.   —   grandis, 1. Sig. oblonga, 2. Sig. Walchii, 3. Sig. Morandii, 4.
— LVIII.   —   rimosa, 1. Sig. cristata, 2. Sig. lenticularis, 3. Sig. undulata, 4.
— LIX.   Lepidodendron Sternbergii, 1. Lep. ophiurus, 2, A, B. Lep. dissitum, 3. Lep. elegans, 4.
— LX.   —   elongatum, 1. Lep. cuneatum, 2. Lep. dilatatum, 3. Lep. gibbosum, 4. Lep. alternans, 5.
— LXI.   —   costaei, 1. Lep. obtusum, 2. Lep. minutum, 3. Lep. clathratum, 4. Lep. caelatum, 5. Lep. dissitum, 6. Lep. laricinum, 7.
— LXII.   —   rimosum, 1. Lep. imbricatum, 2. Lep. confluens, 3. Lep. undulatum, 4.
— LXIII.   —   rhodianum, 1. Lep. crenatum, 2. Lep. obovatum, 3. Lep. aculeatum, 4.
— LXIV.   Sphenophyllum multifidum, 1 et 2. Sph. Schlotheimii, 3. Sph. pusillum, 4. sph. quadriphyllum, 5.
— LXV.   Stigmaria ficoïdes, 1. Stigm. mosana, 2.
— LXVI.   Arthrocladion Rhodii.
— LXVII.   Annularia asterophylloïdes, 1. Ann. radiata, 2.
— LXVIII. Asterophyllites elegans, 1. Ast. arcuata, 2. Ast. rigida, 3.
— LXIX.   Sternbergia transversa, 1. Sternb. minor, 2. Asterophyllites, 3. Ast. patens, 4. Ast. subulata, 5. Annularia microphylla, 6. Bechera characformis, 7 et 8.

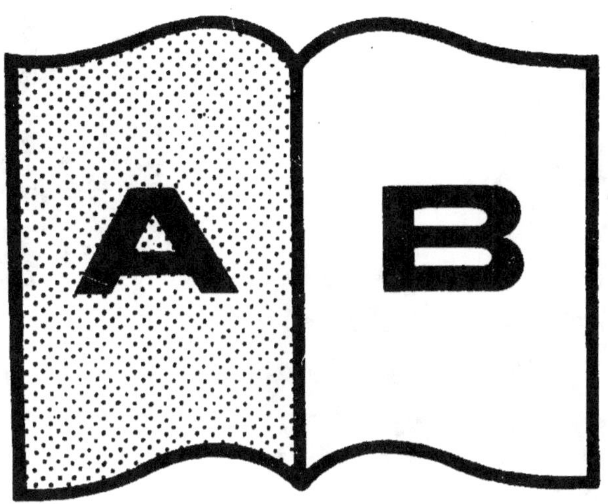

Contraste insuffisant

NF Z 43-120-14

CALAMITES *déformées par la pression.*

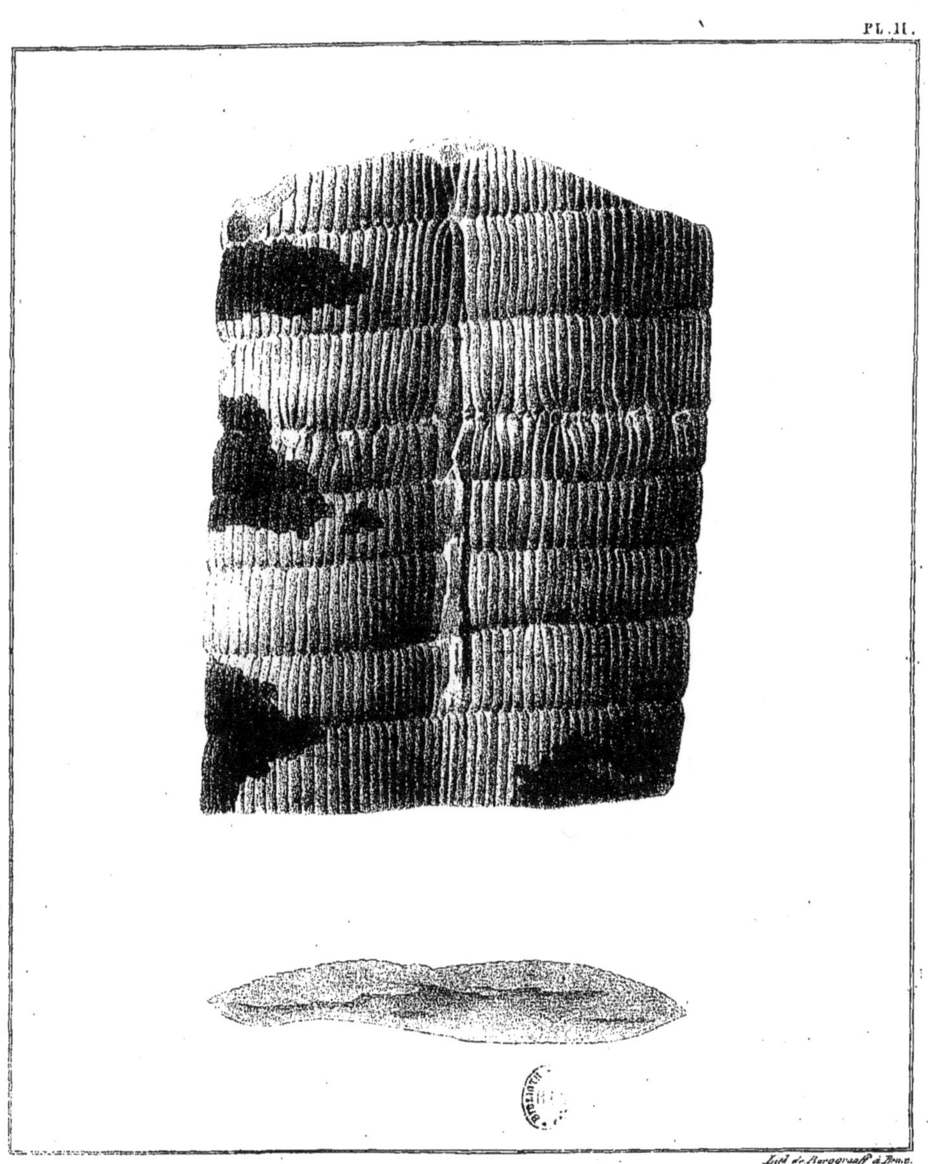

CALAMITES APPROXIMATUS.

CALAMITES SUCKOWII.

CALAMITES SUCKOWII.

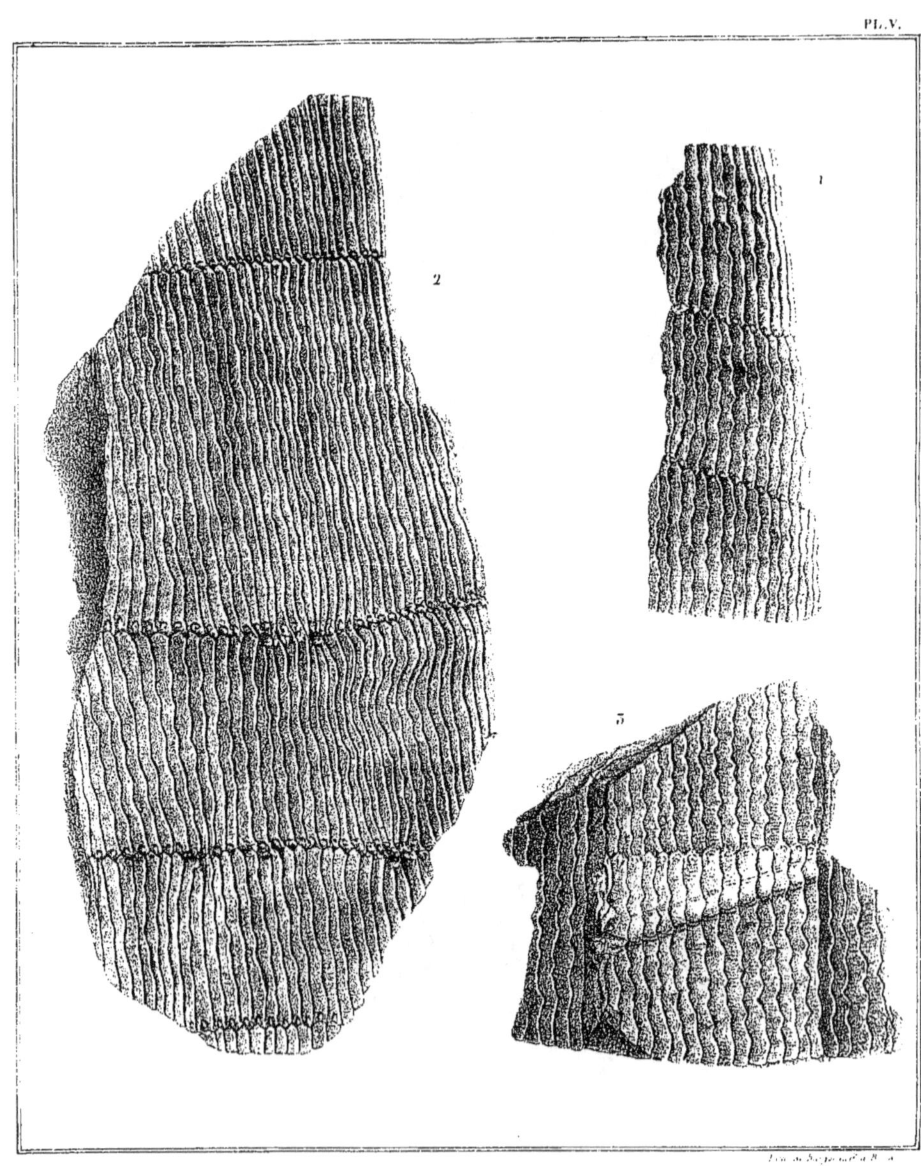

CALAMITES UNDULATUS.

CALAMITES DISTANS.

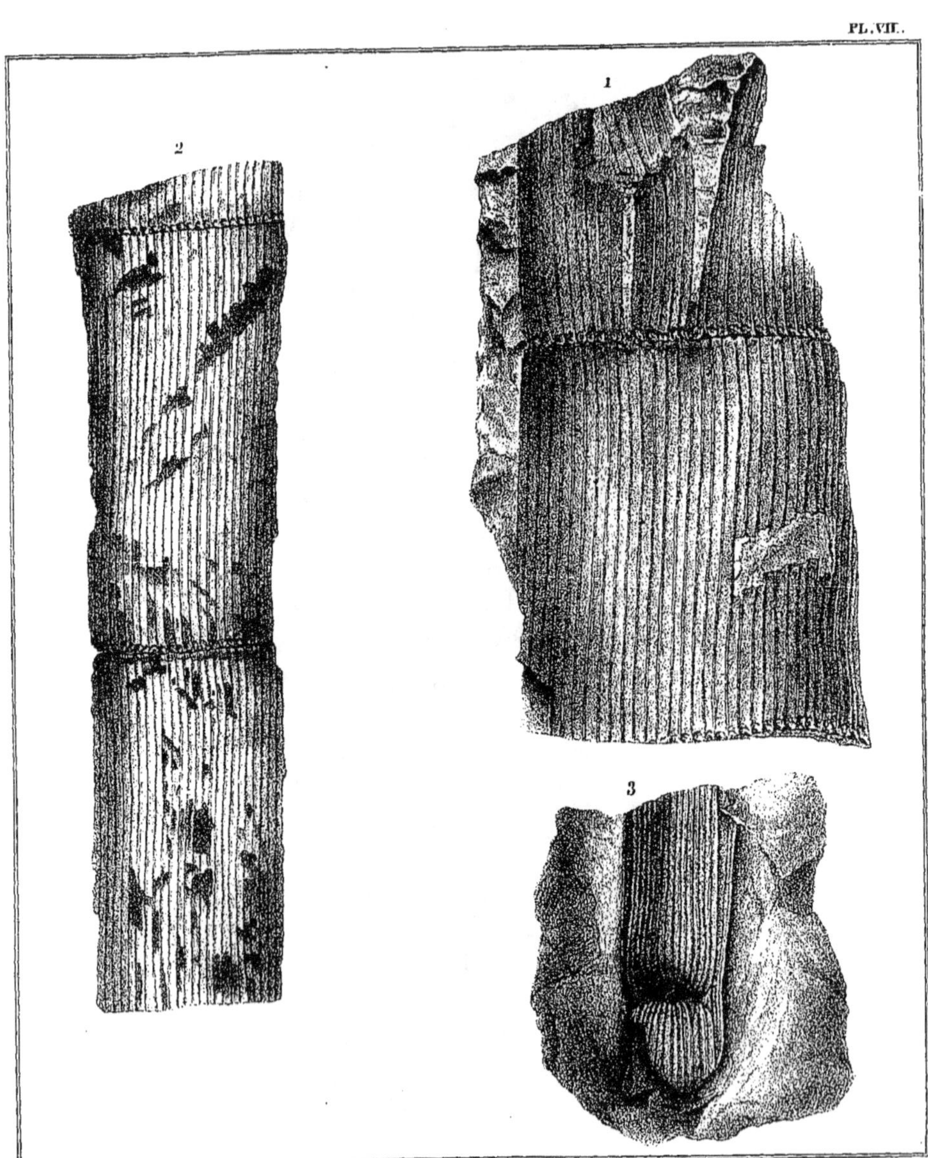

CALAMITES ARTISU.

1. CAL. UNDULATUS. 2. CAL. ARTISII. 3. CAL. CISTII.

1. CALAMITES CISTII. 2 . 3. CAL. RAMOSUS.

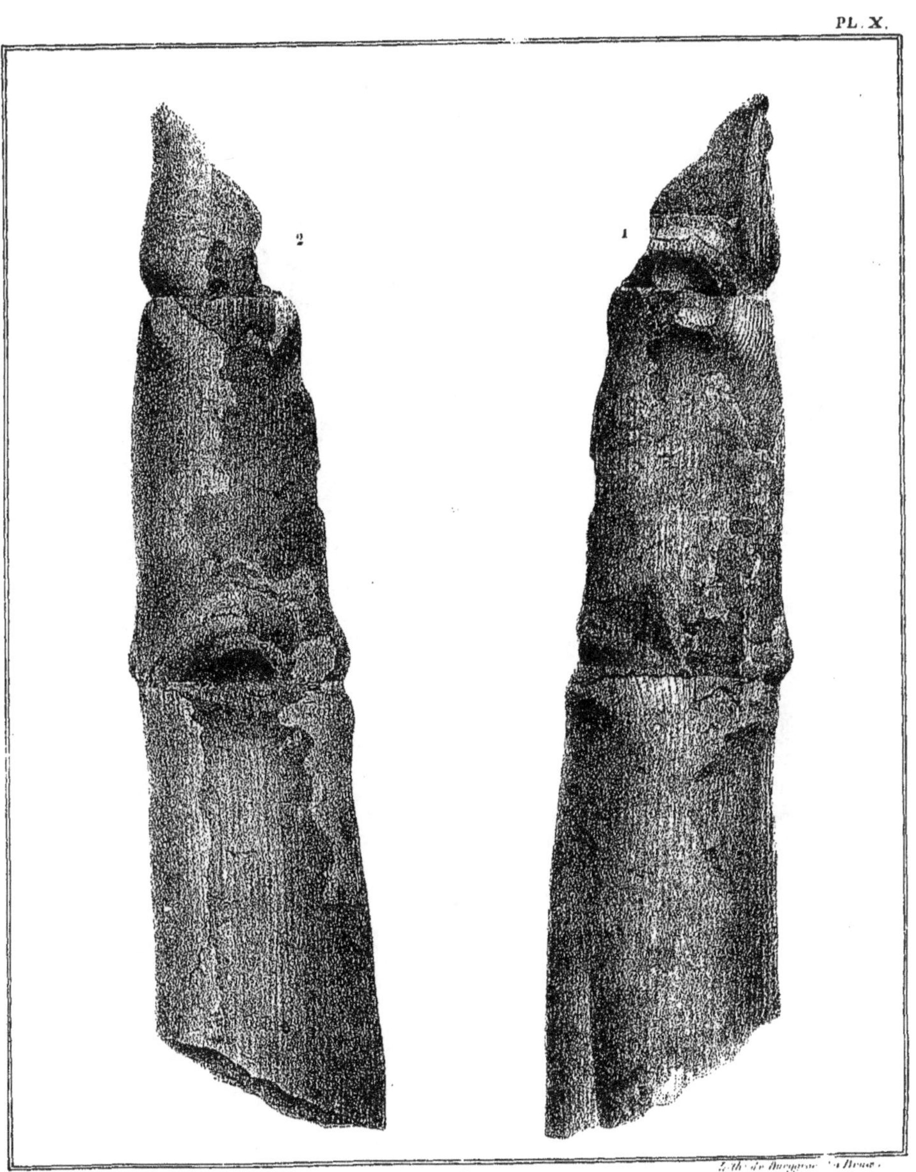

1.2. CALAMITES RAMOSUS.

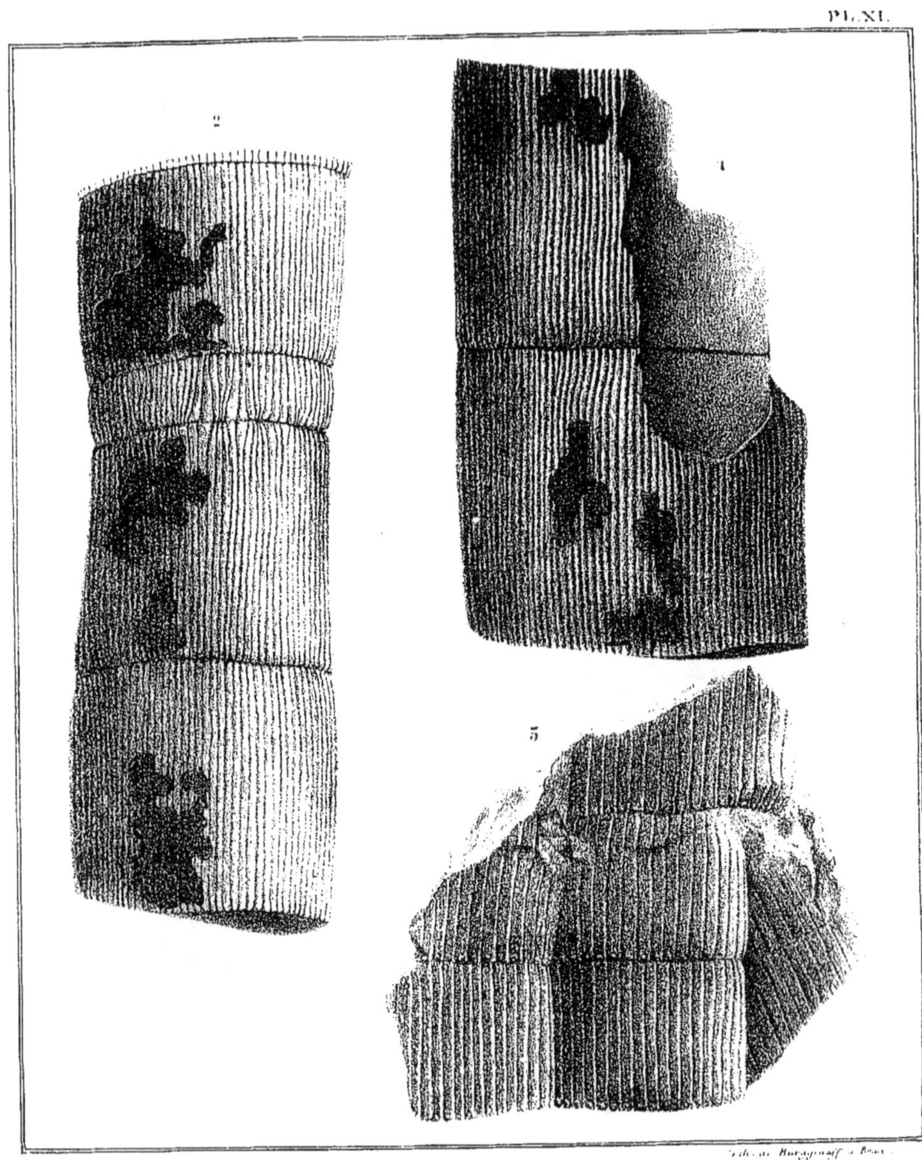

2. CAL. CISTII 3. CAL. SUCKOWII.

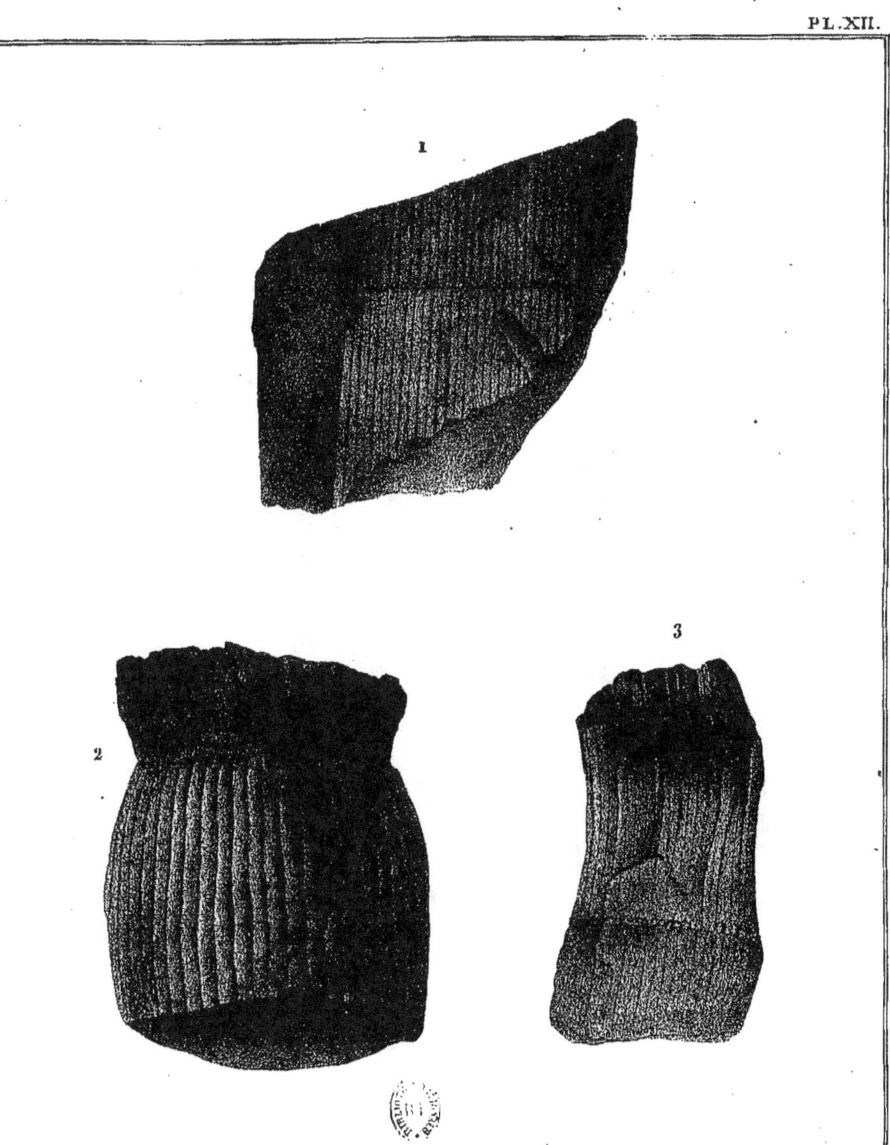

2. CAL. CANNÆFORMIS. 3 CAL. NODOSUS.

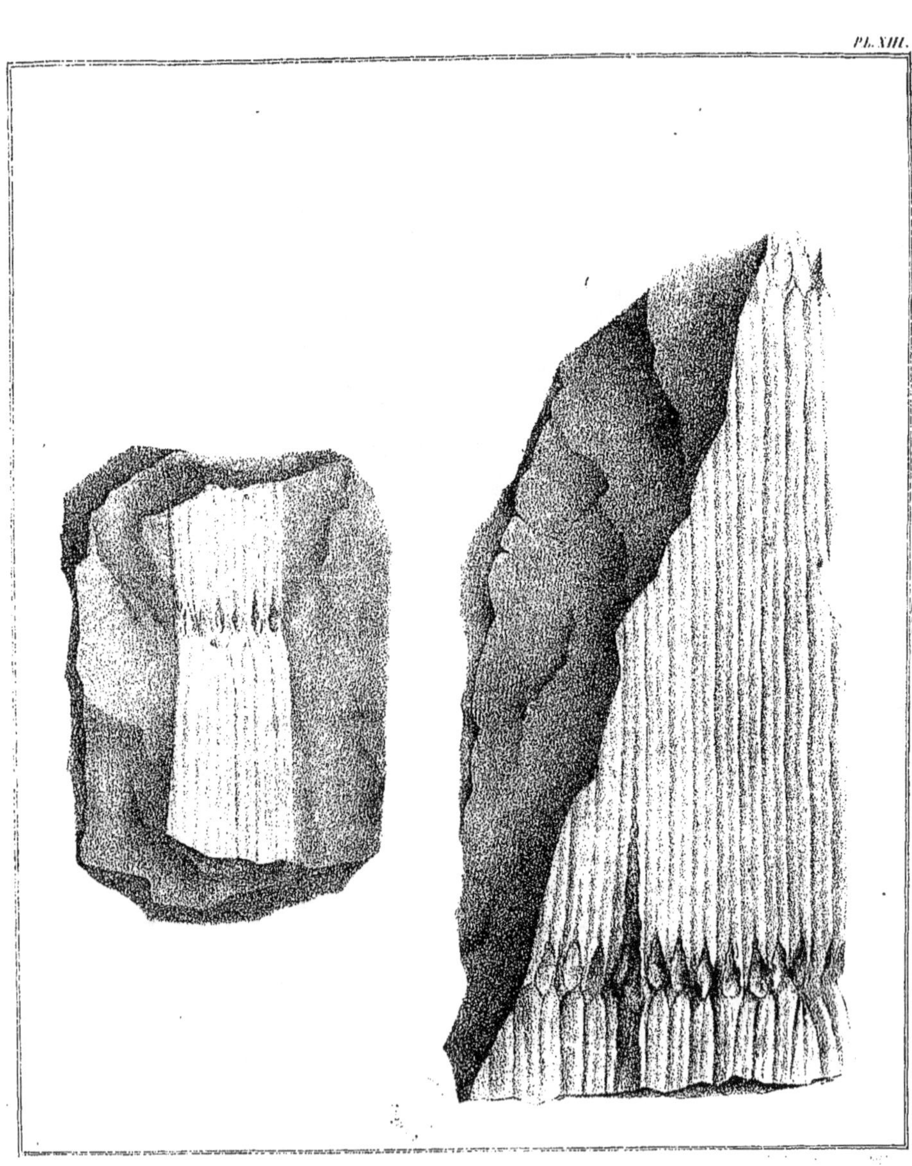

1. 2. CALAMITES INSIGNIS.

SPHÆNOPTERIS. GRANDIFRONS

1. SPHENOPTERIS LATIFOLIA. — 2. SPH. OBTUSILOBA.

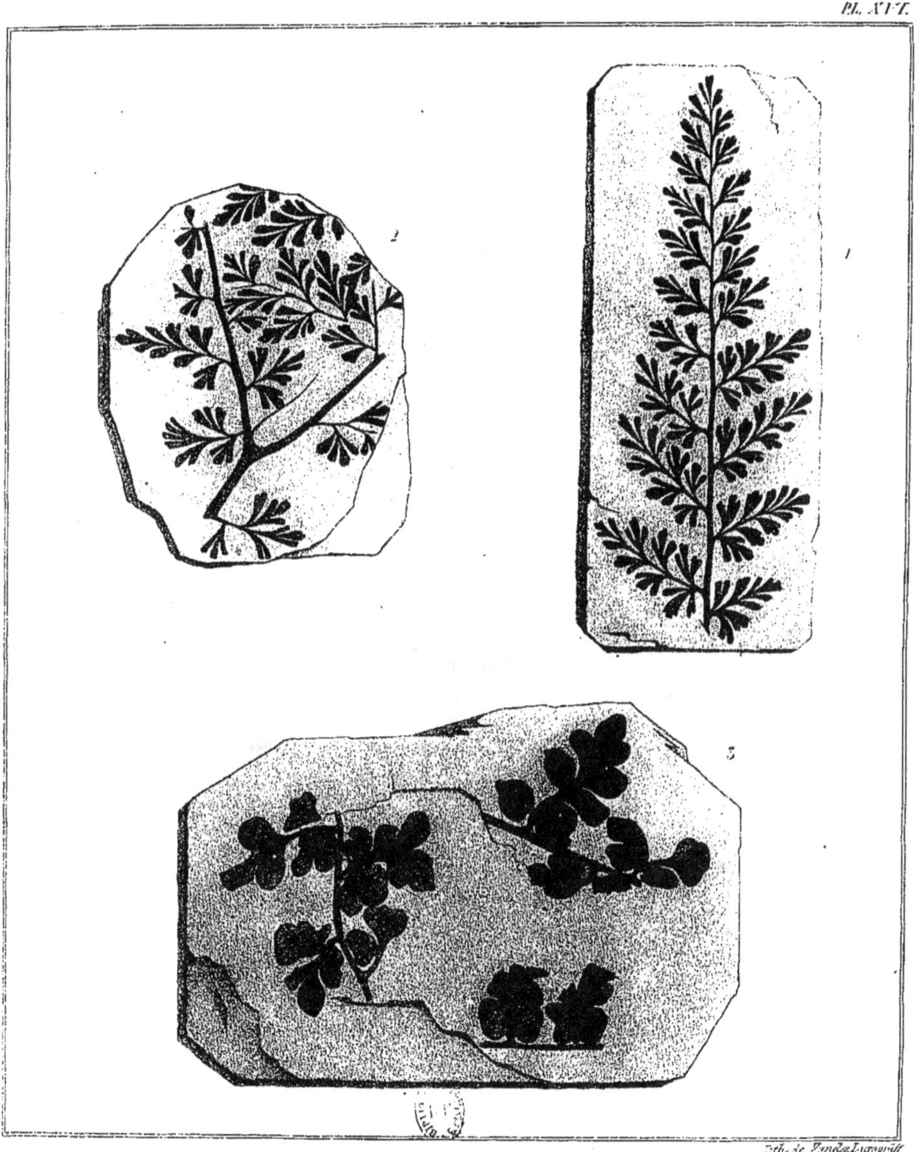

1. 2. SPHÆNOPTERIS ELEGANS. = 5 SPH. OBTUSILOBA.

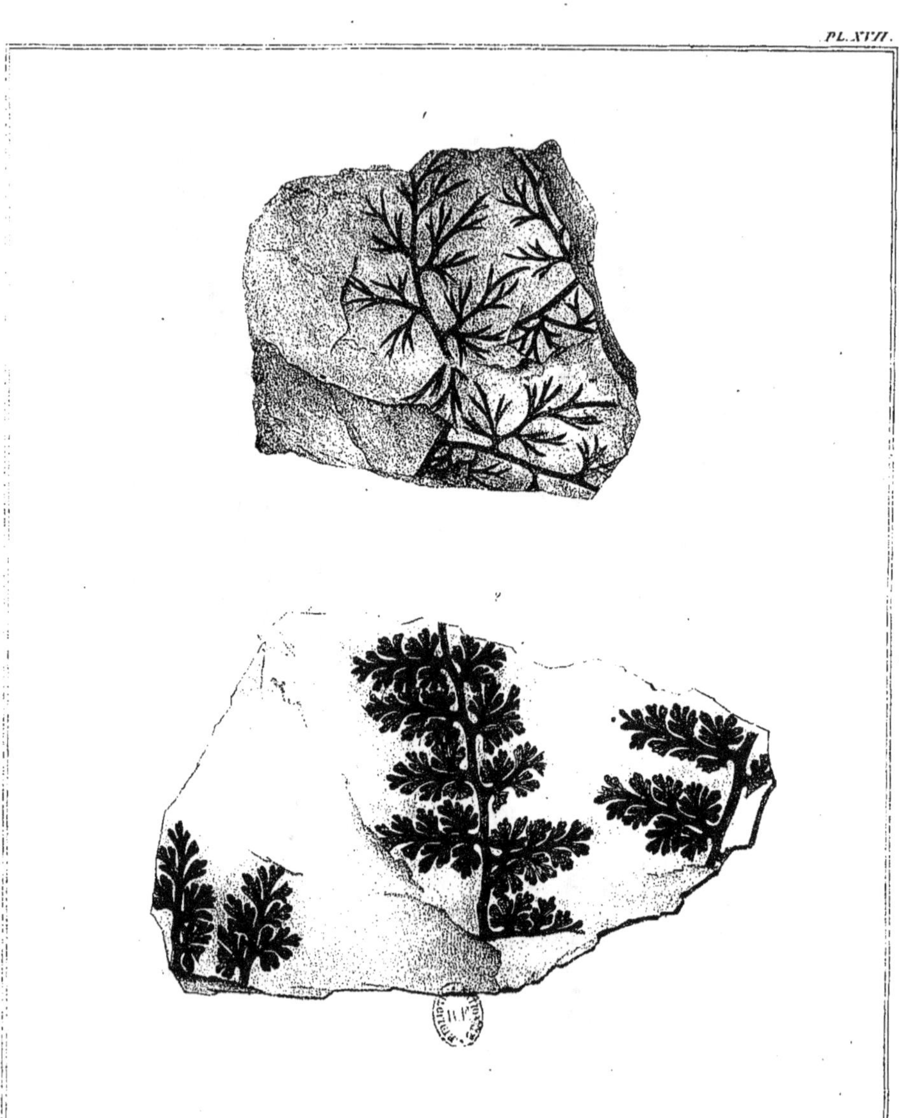

1. SPHENOPTERIS DISSECTA. — 2. SPH. ALATA.

1. 2. SPHÆNOPTERIS FURCATA.— 3. SPH. ELEGANS.— 4. SPH. LATIFOLIA.

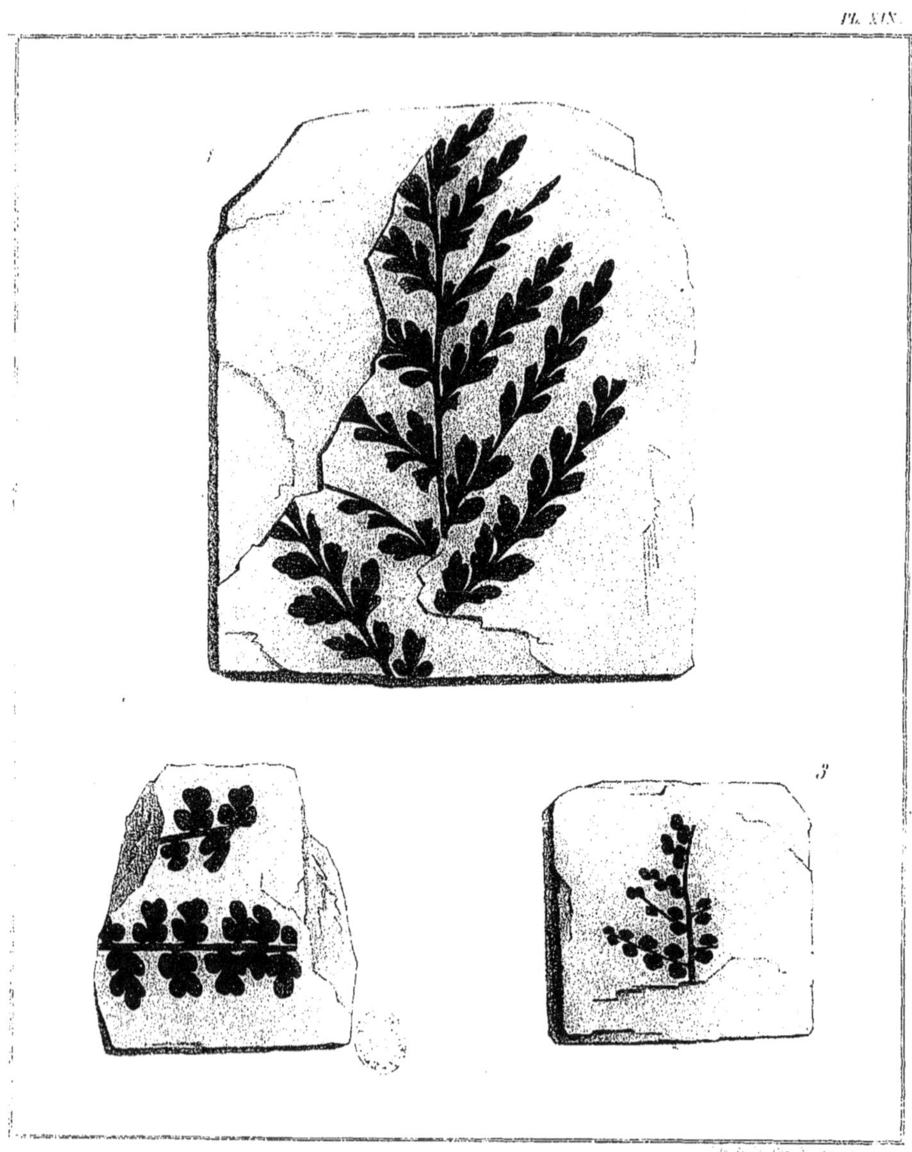

1. SPHÆNOPTERIS STRICTA. = 2. SPH. TRIFOLIATA. = 3. SPH. DISTANS.

SPHÆNOPTERIS. ARTEMISLÆFOLIA.

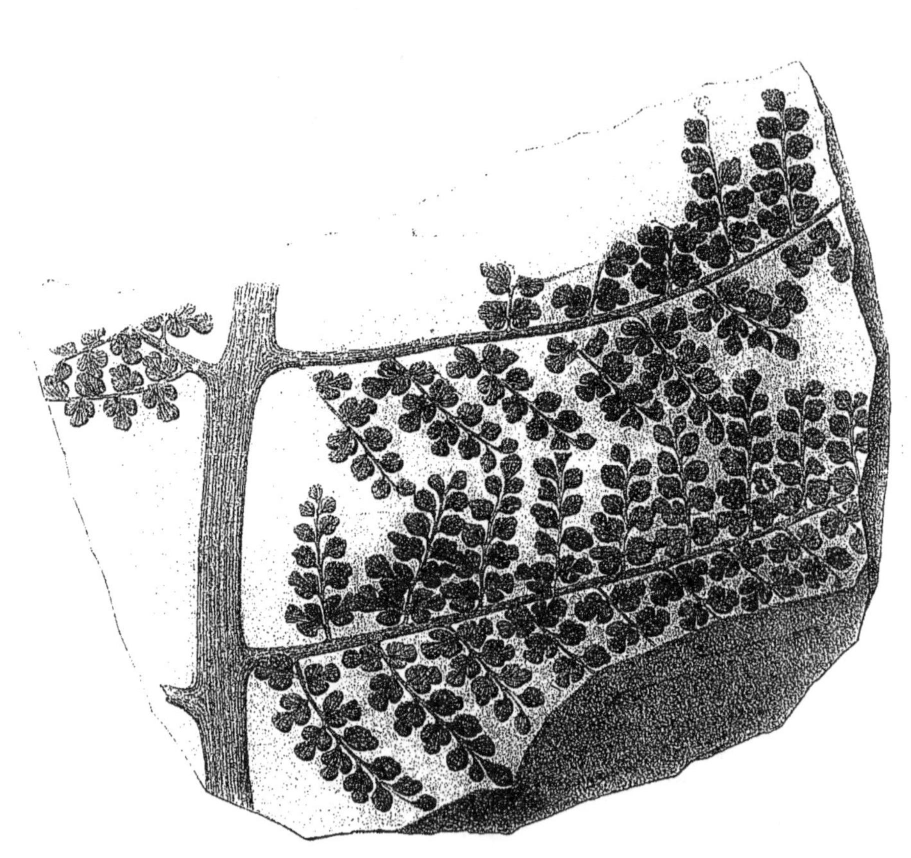

SPHENOPTERIS TRIFOLIATA.

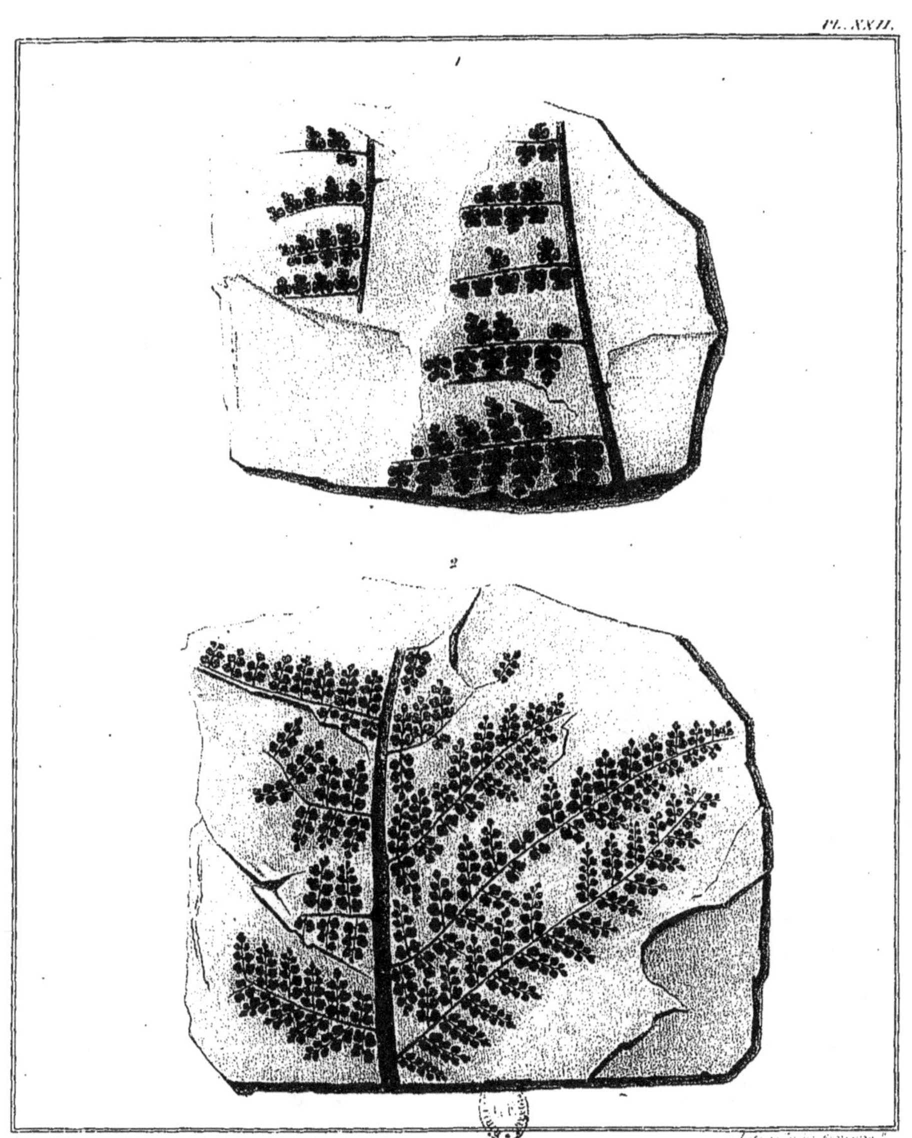

1. SPHONOPTERIS RIGIDA.-2 SPH. HANINCHAUSII.

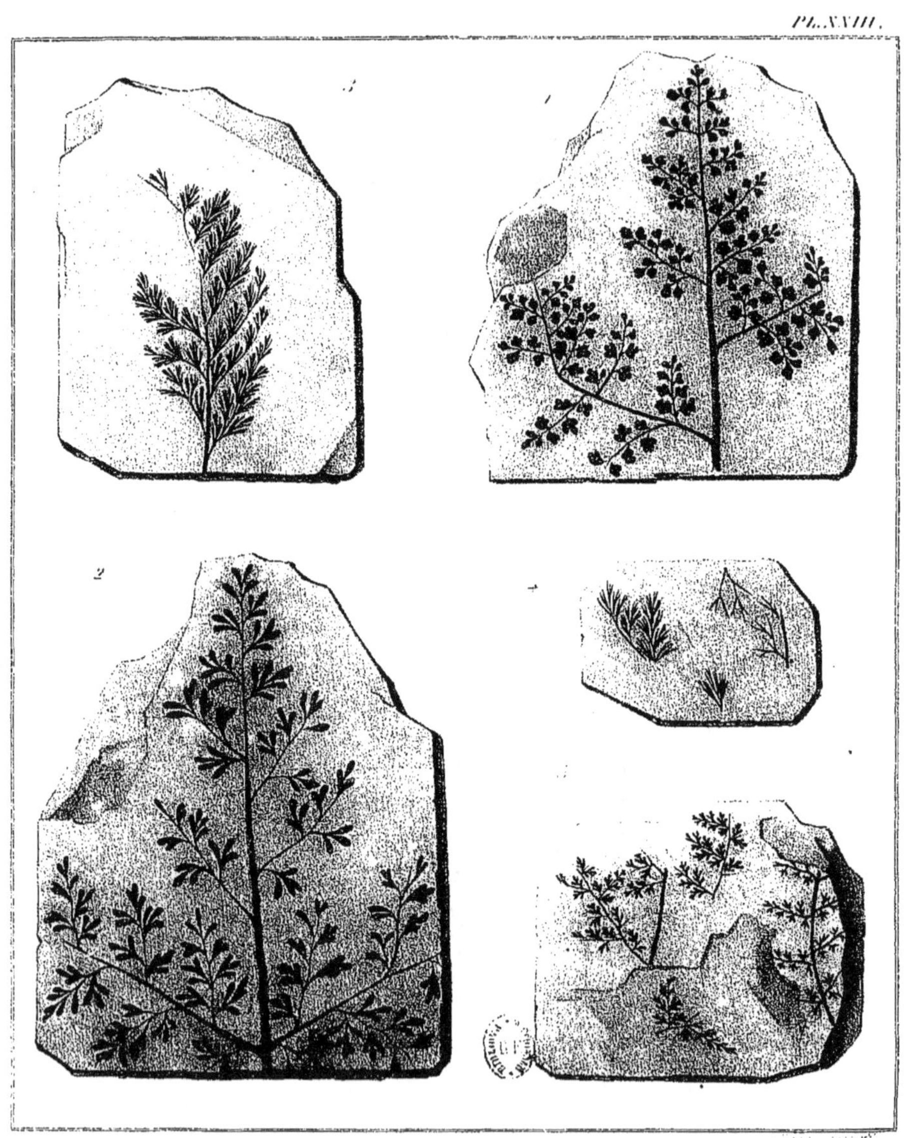

1.2. SPHENOPTERIS DISTANS - 3.4. SPH. MULTIFIDA - 5. SPH. DELICATULA.

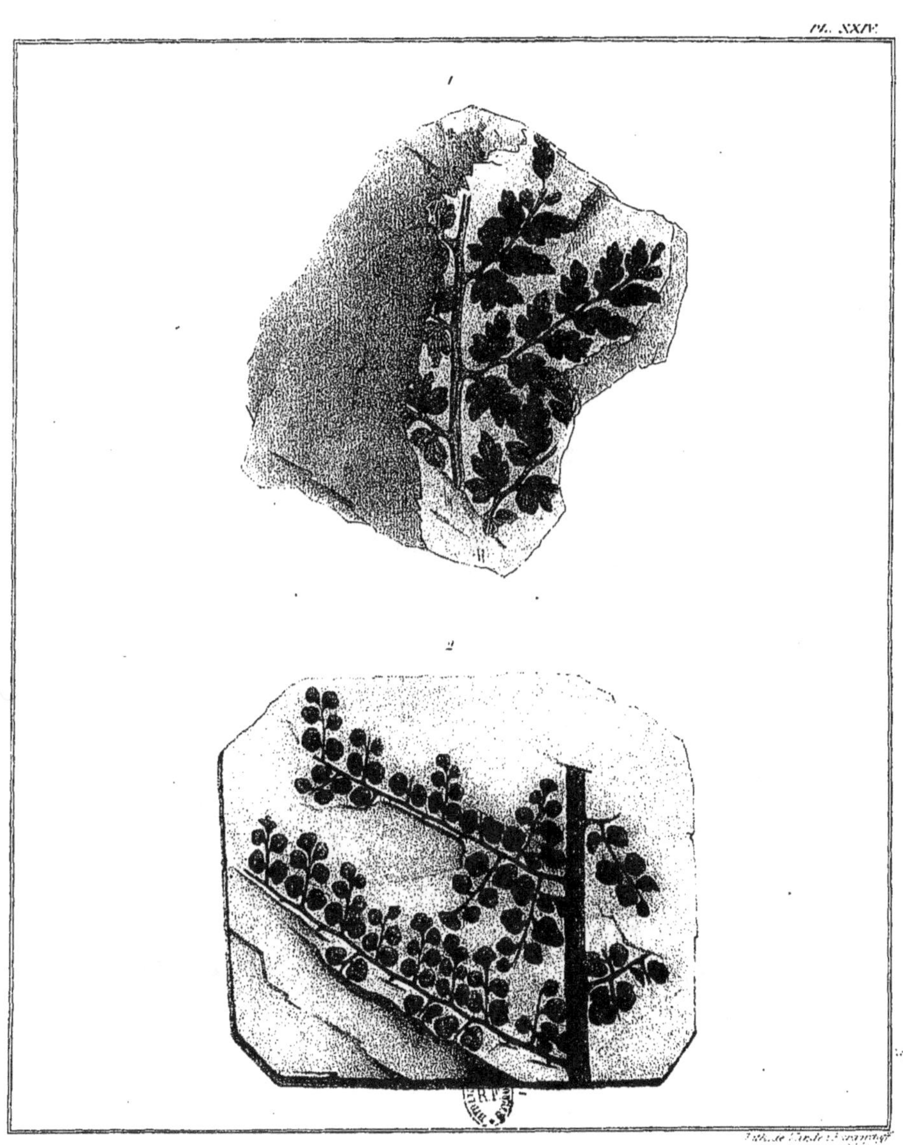

1. SPHŒNOPTERIS ACUTA. 2. SPH. RIGIDA.

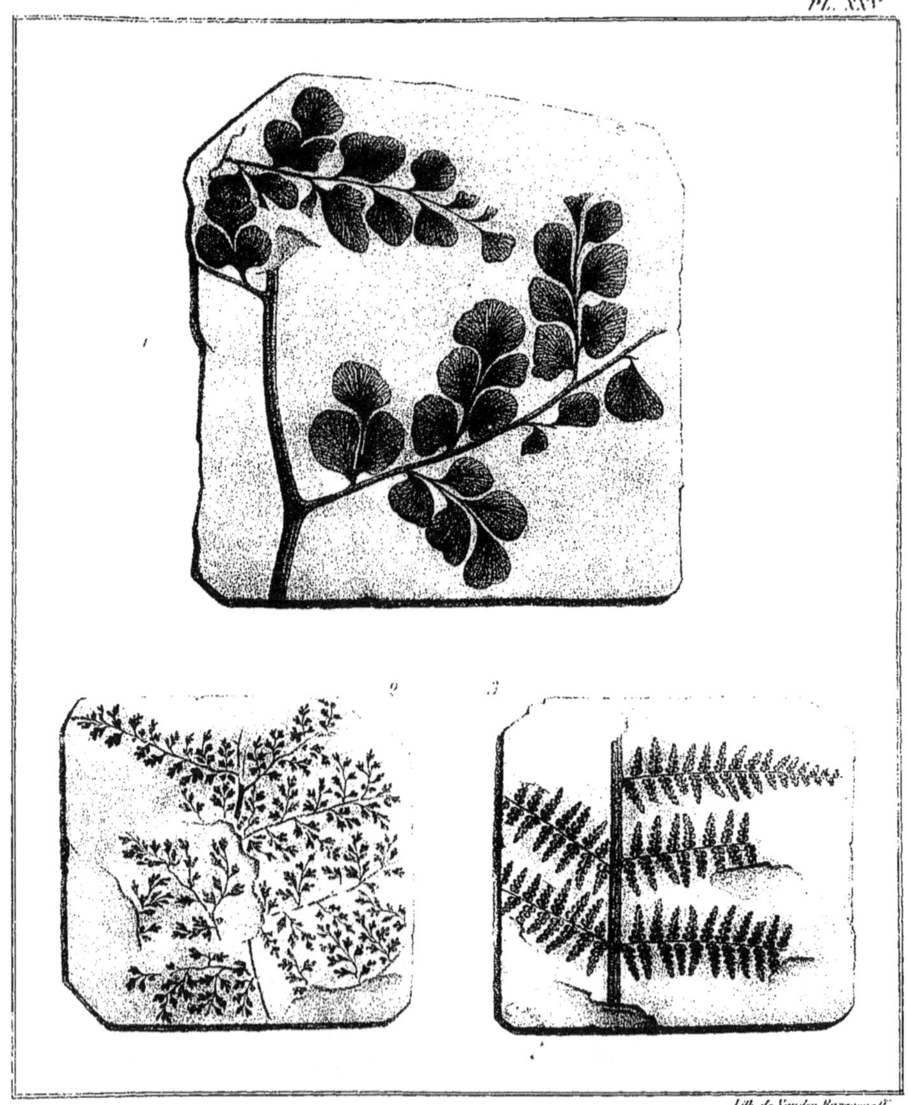

1. SPHENOPTERIS OBTUSILOBA - 2. SPH. DELICATULA.

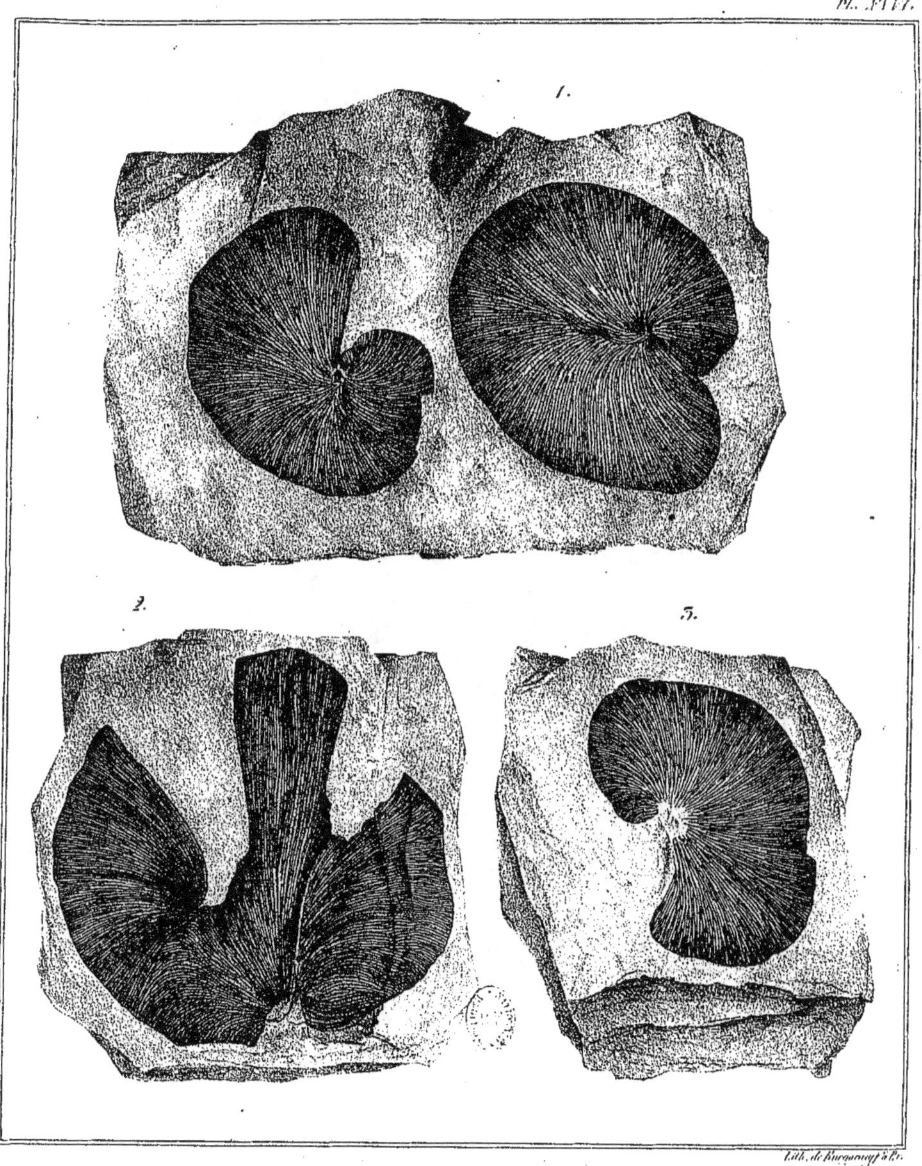

1. 2. OTOPTERIS CYCLOÏDEA — 5. OTOPT. RENIFORMIS.

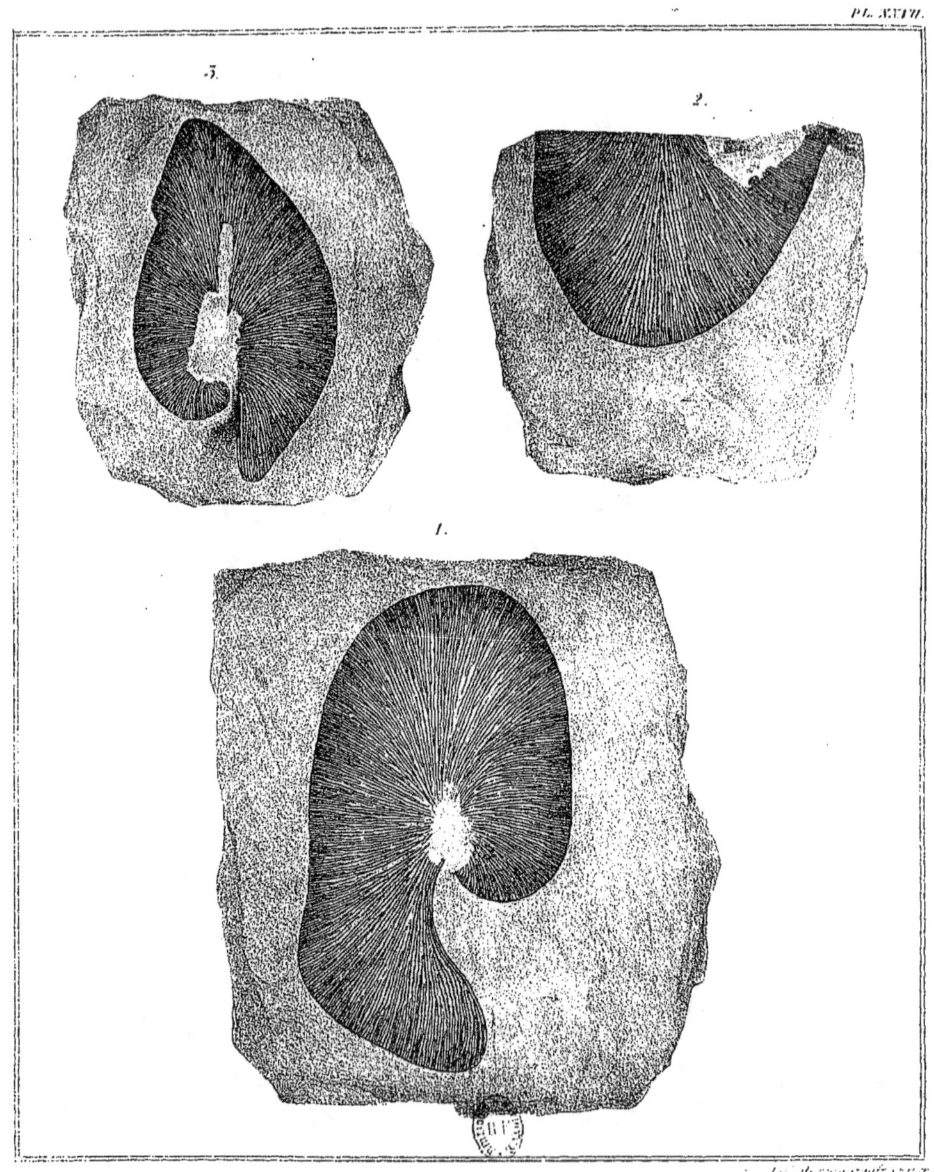

1. 2. OTOPTERIS GIBBOSA. — 5 OTOPT. SEMICORDATA.

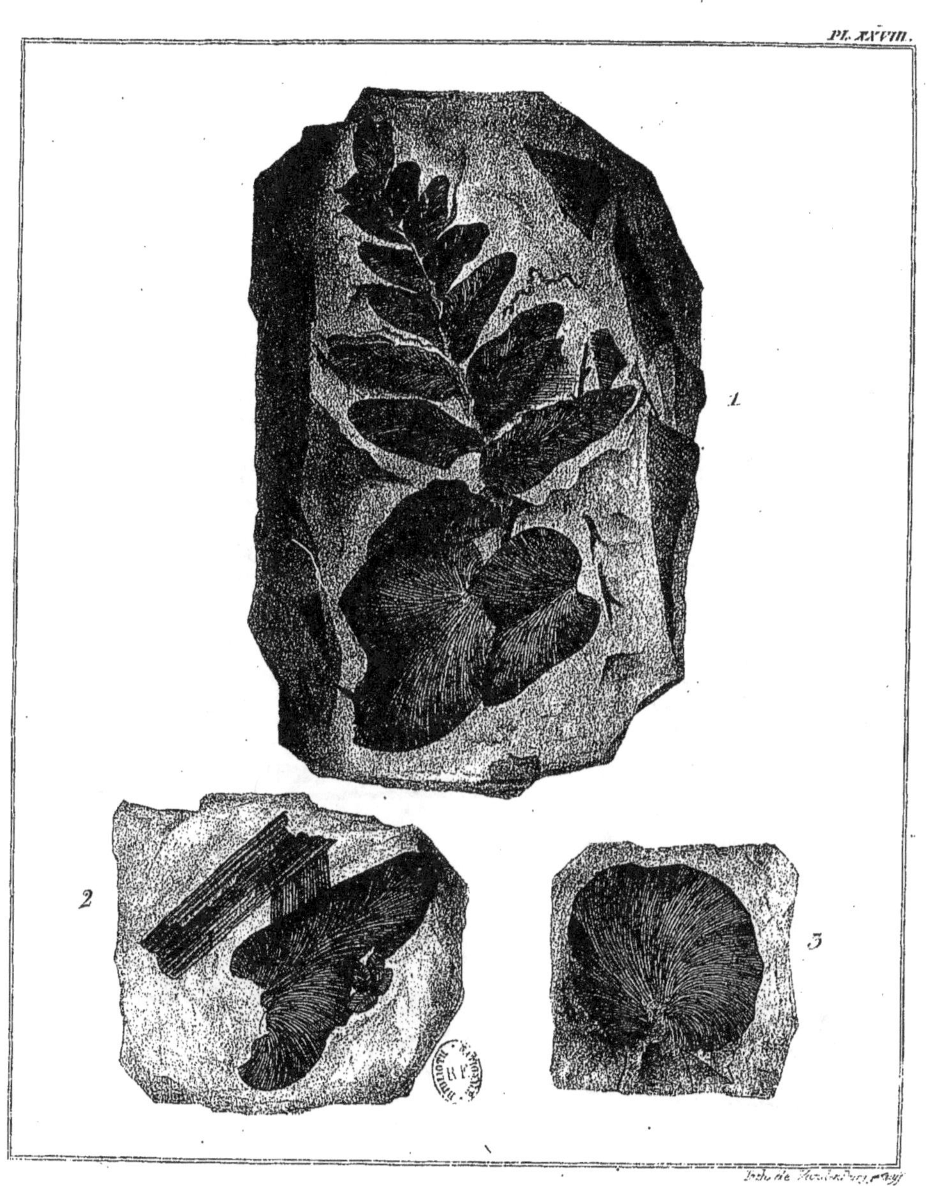

1. 2. OTOPTERIS UNDULATA. = 5. OTOPT CYCLOIDEA.

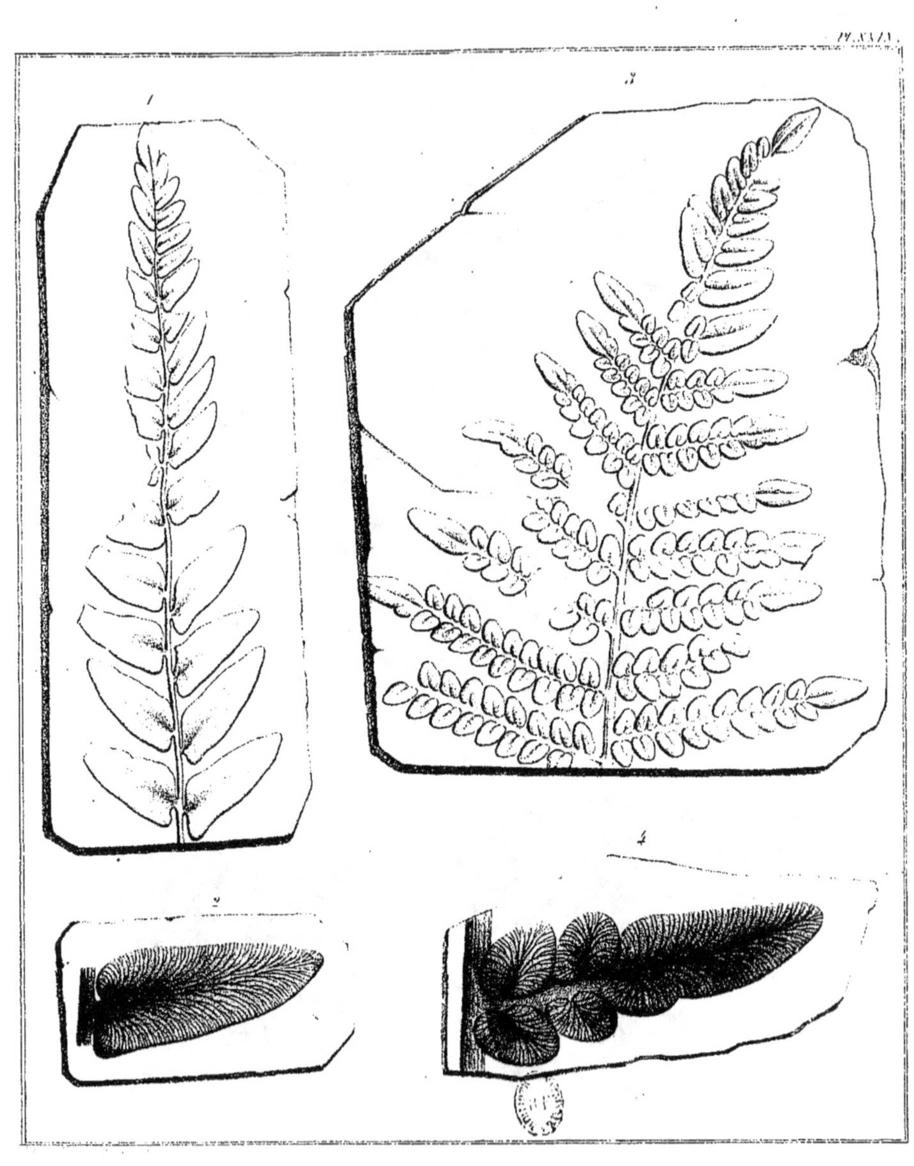

1.2. OTOPTERIS UNDULATA - 3.4. NEUROPTERIS HETEROPHYLLA.

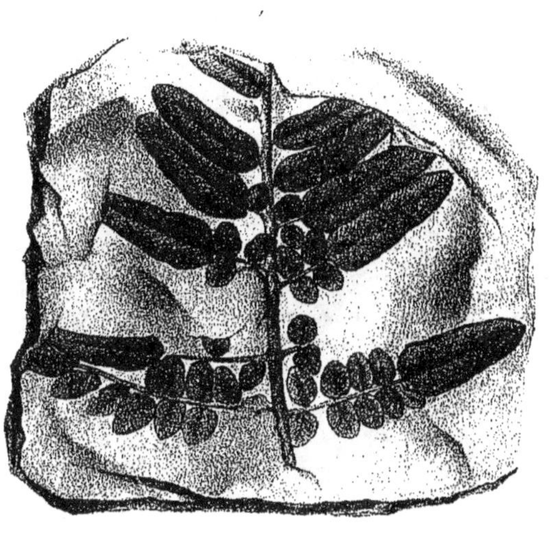

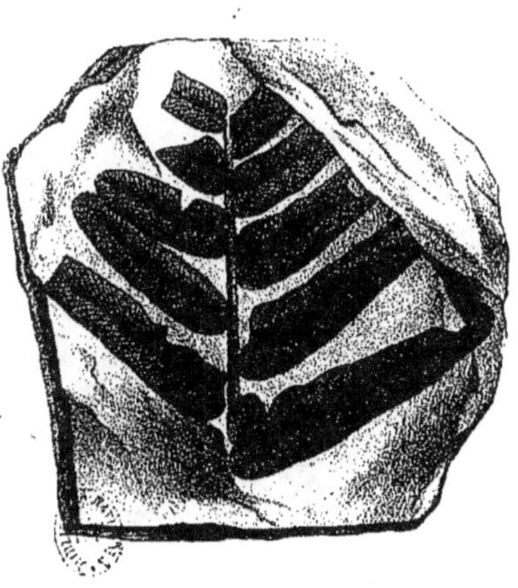

1. 2. NEUROPTERIS HETEROPHYLLA — 3. NEUR. MICROPHYLLA.

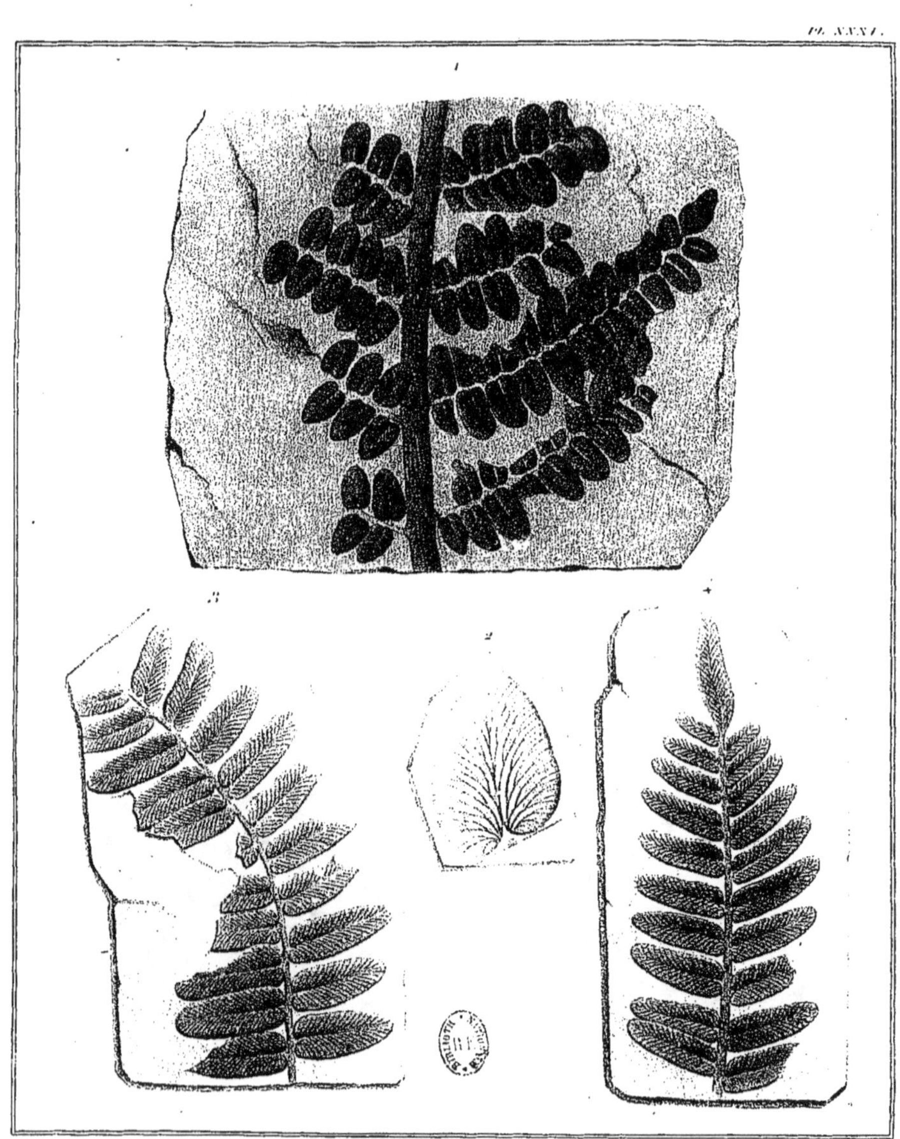

1.2. NEUROPTERIS LOSHII. - 3.4. NEUR: GIGANTEA.

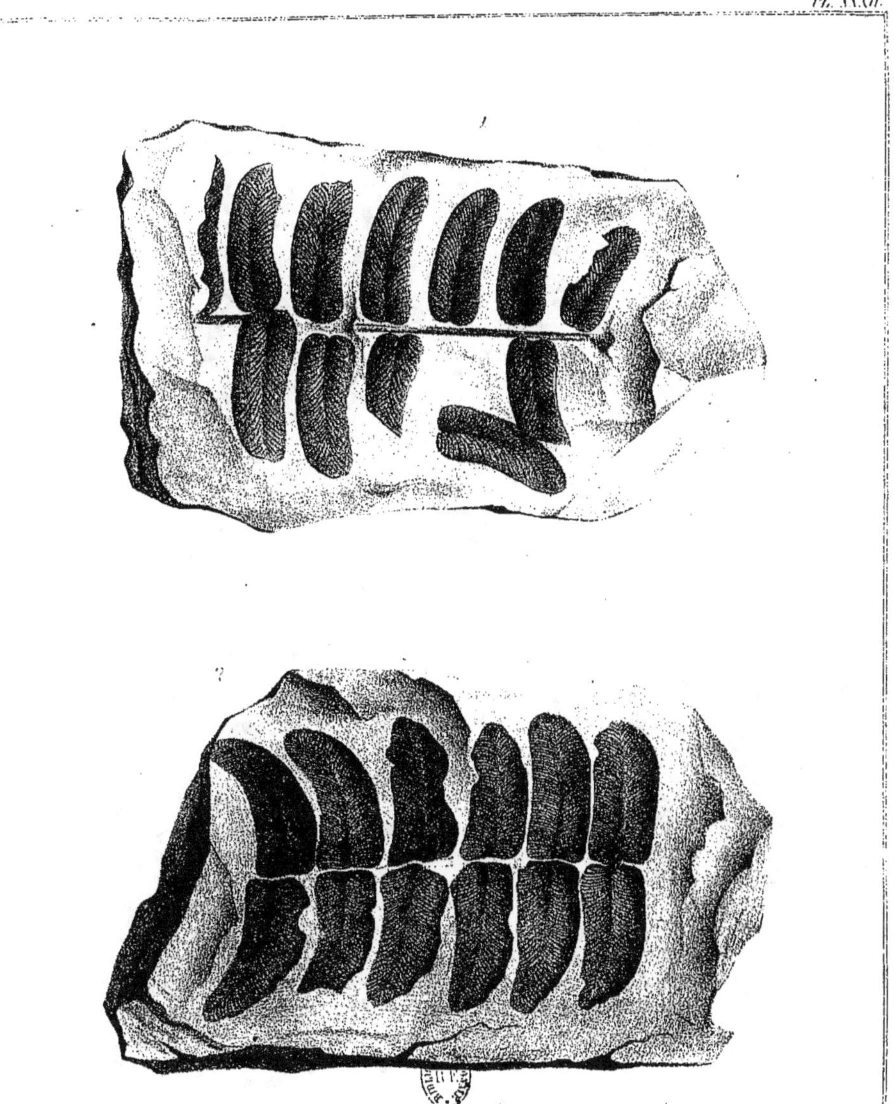

1. 2. NEUROPTERIS FLEXUOSA.

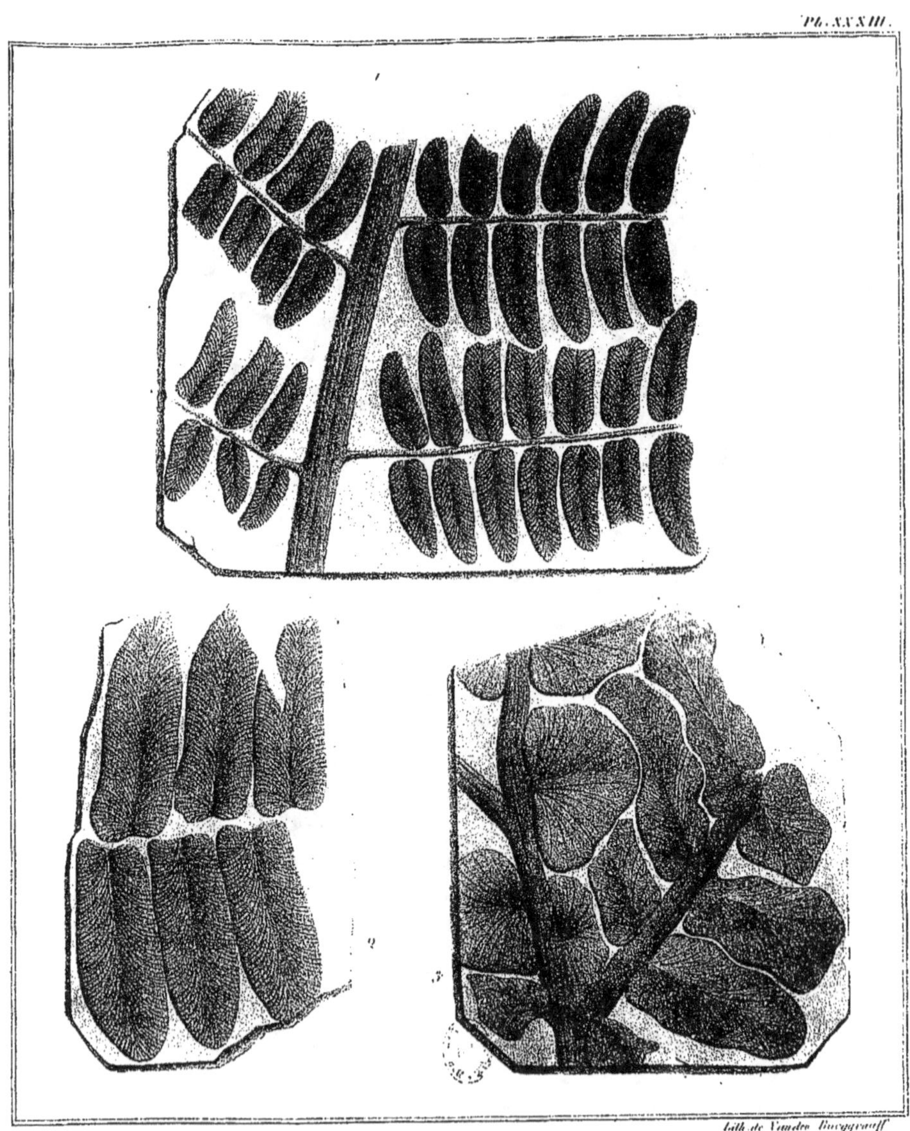

1 NEUROPTERIS GIGANTEA - 2 NEUR. FLEXUOSA - 3 NEUR. AURICULATA.

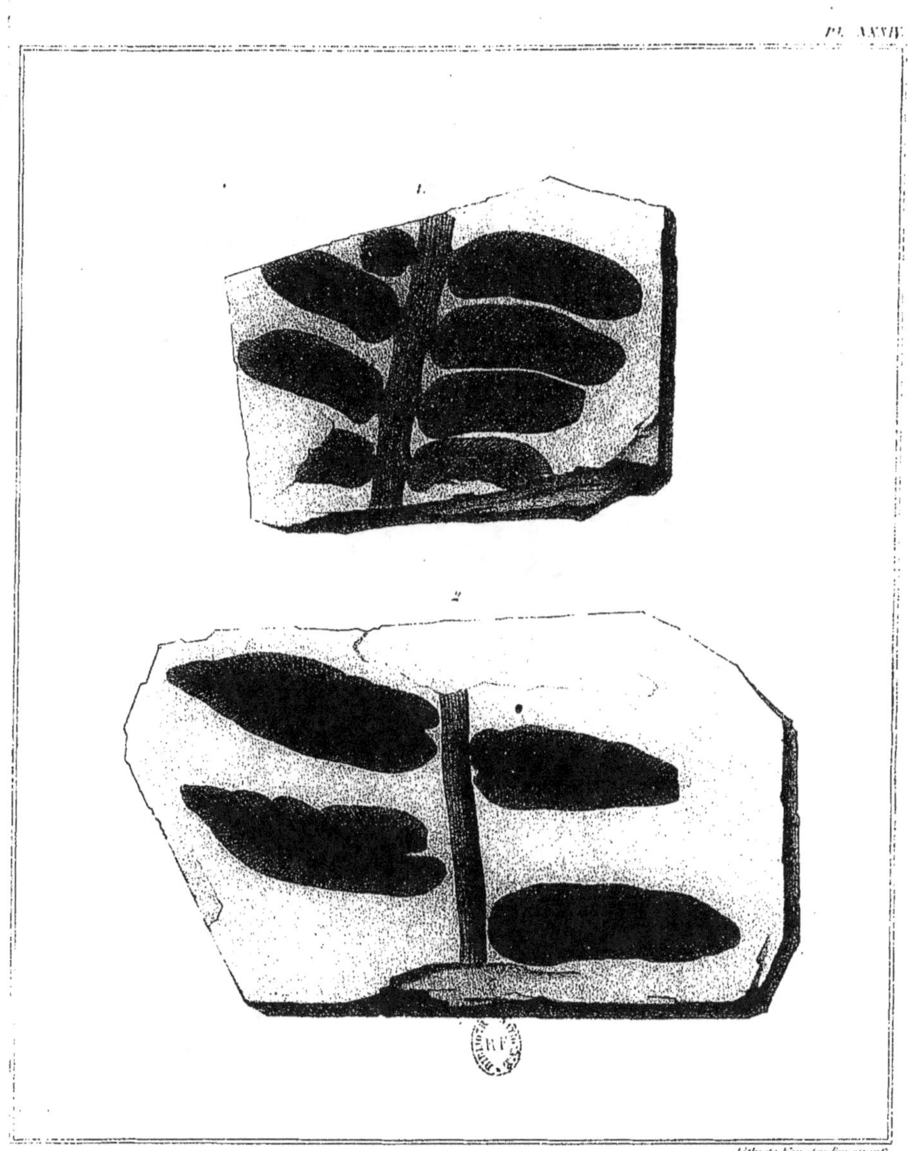

1. NEUROPTERIS DUFRESNOII. — 2. NEUR. SCHEUCHZERI.

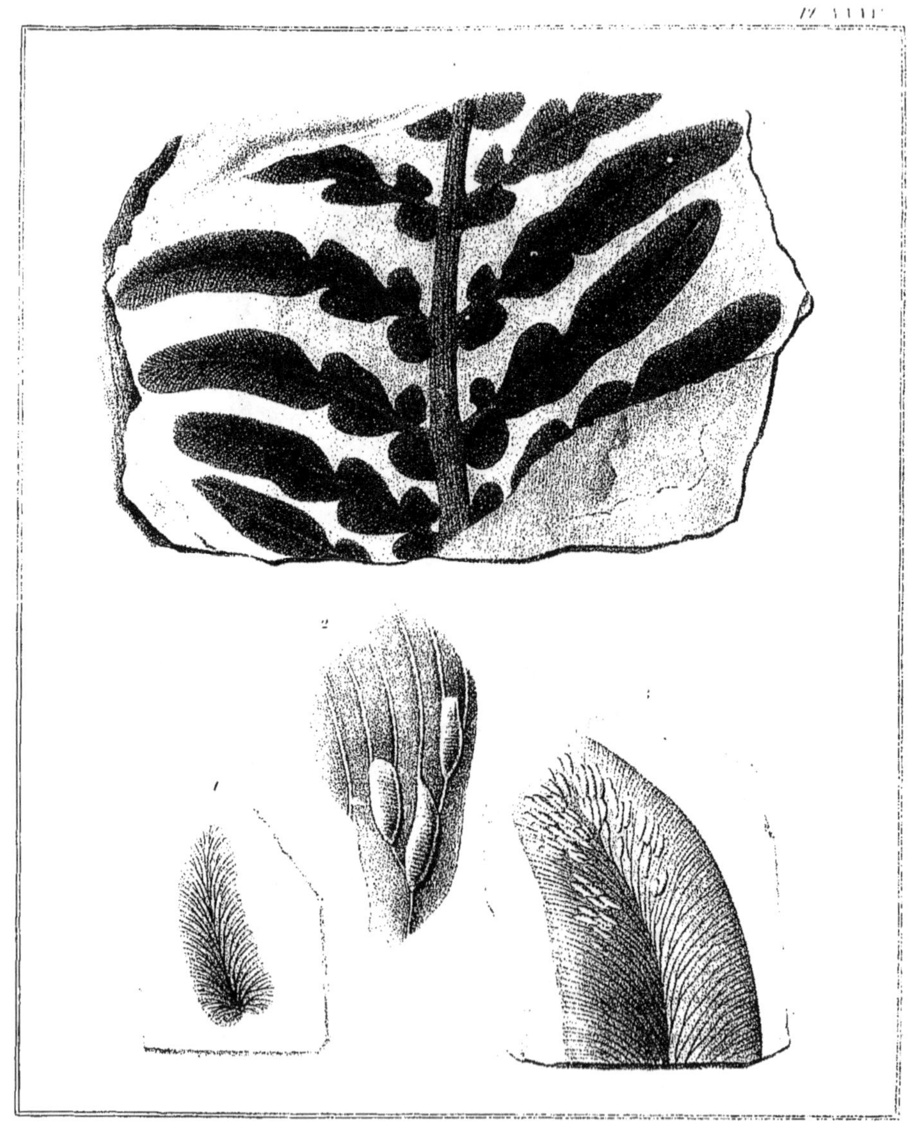

1.2.3. NEUROPTERIS FLEXUOSA. - 4. ODONTOPTERIS APPENDICULATA.

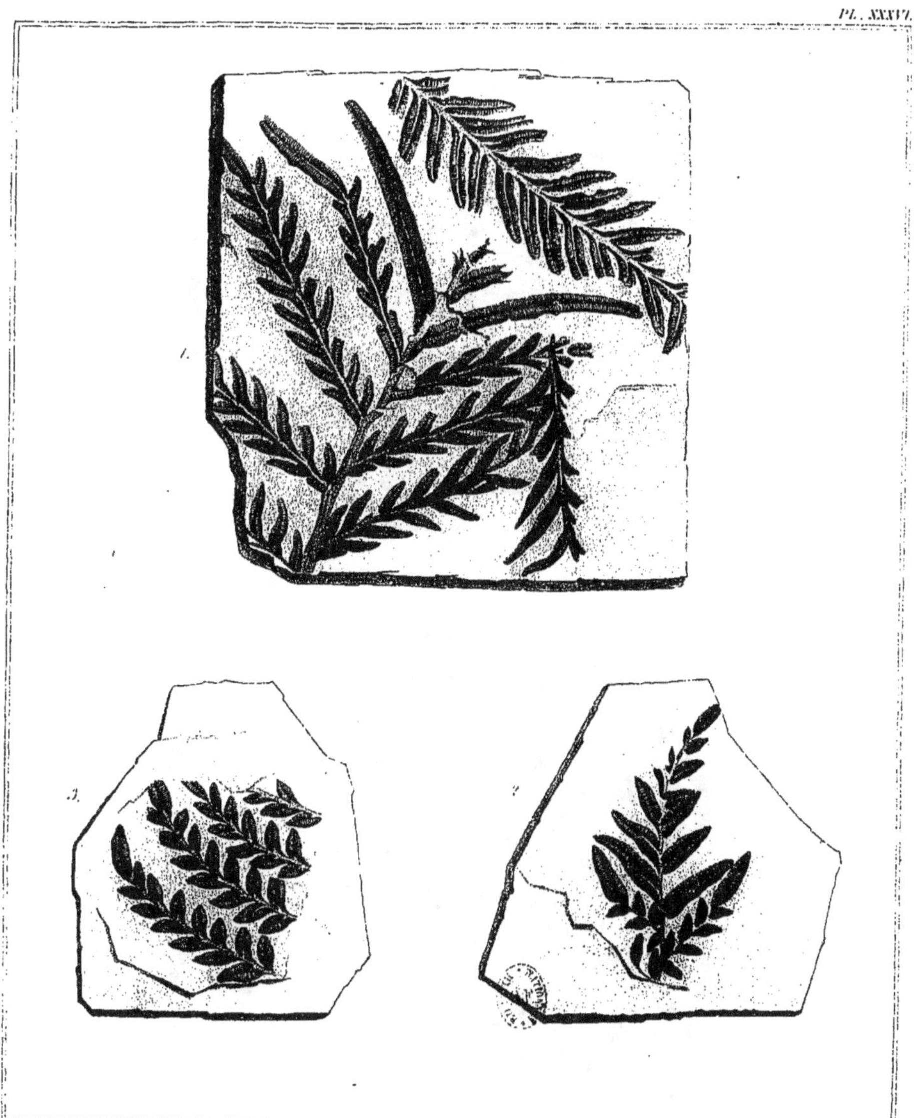

1. PECOPTERIS MULTIFORMIS.-2.-3. PECOPT. BRACHYLOBA.

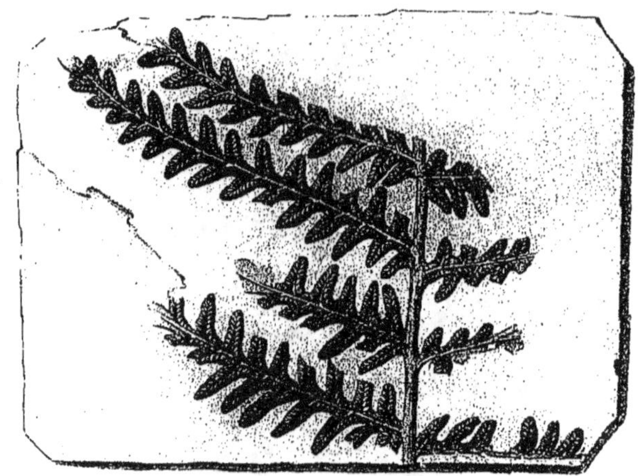

1. PECOPTERIS HOFFMANNI. — 2. PECOPT. RUGOSA.

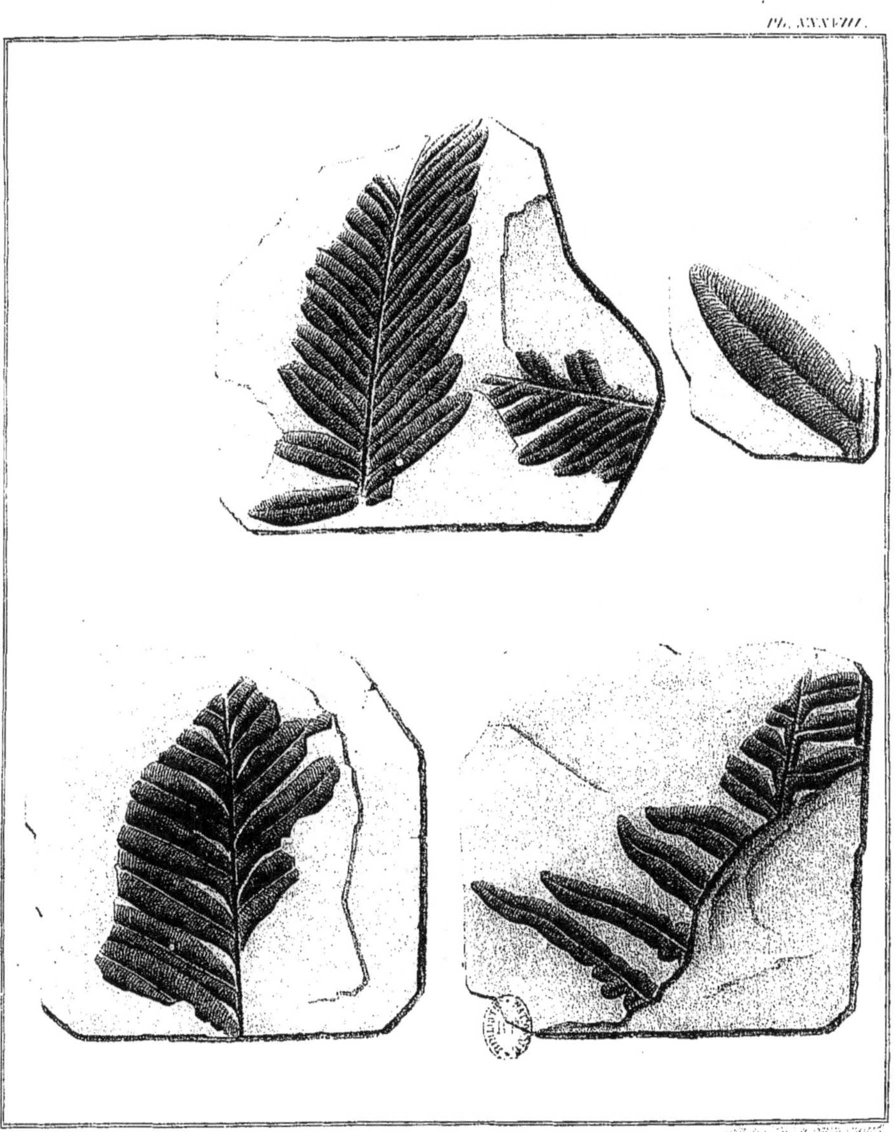

PECOPTERIS HANNONICA.

1. PECOPTERIS CYATHEA - 2 PECOPT. ARBORESCENS - 3 PECOPT. OREOPTERIS.

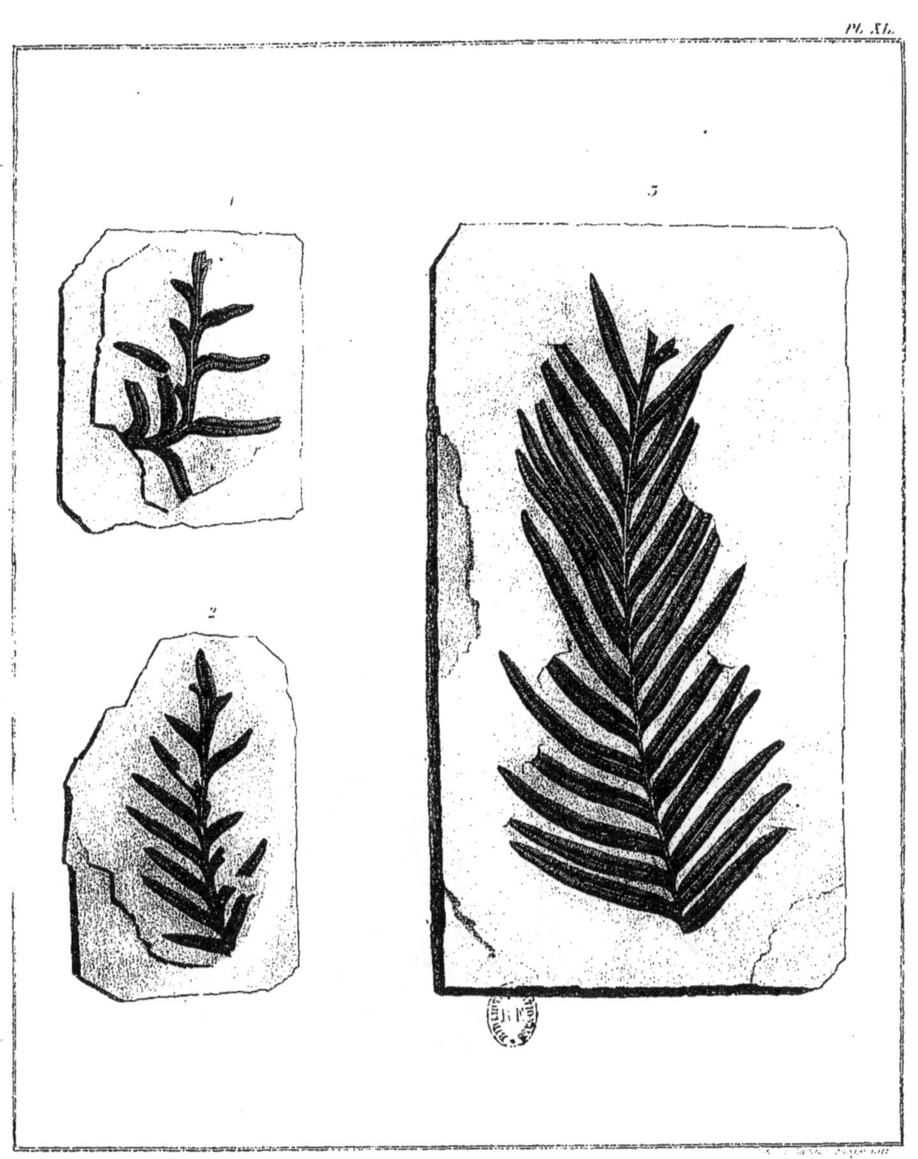

1. 2. Pecopteris Mantelli — 3. Pecopt. Lonchitica.

1.2. PECOPTERIS LONCHITICA.

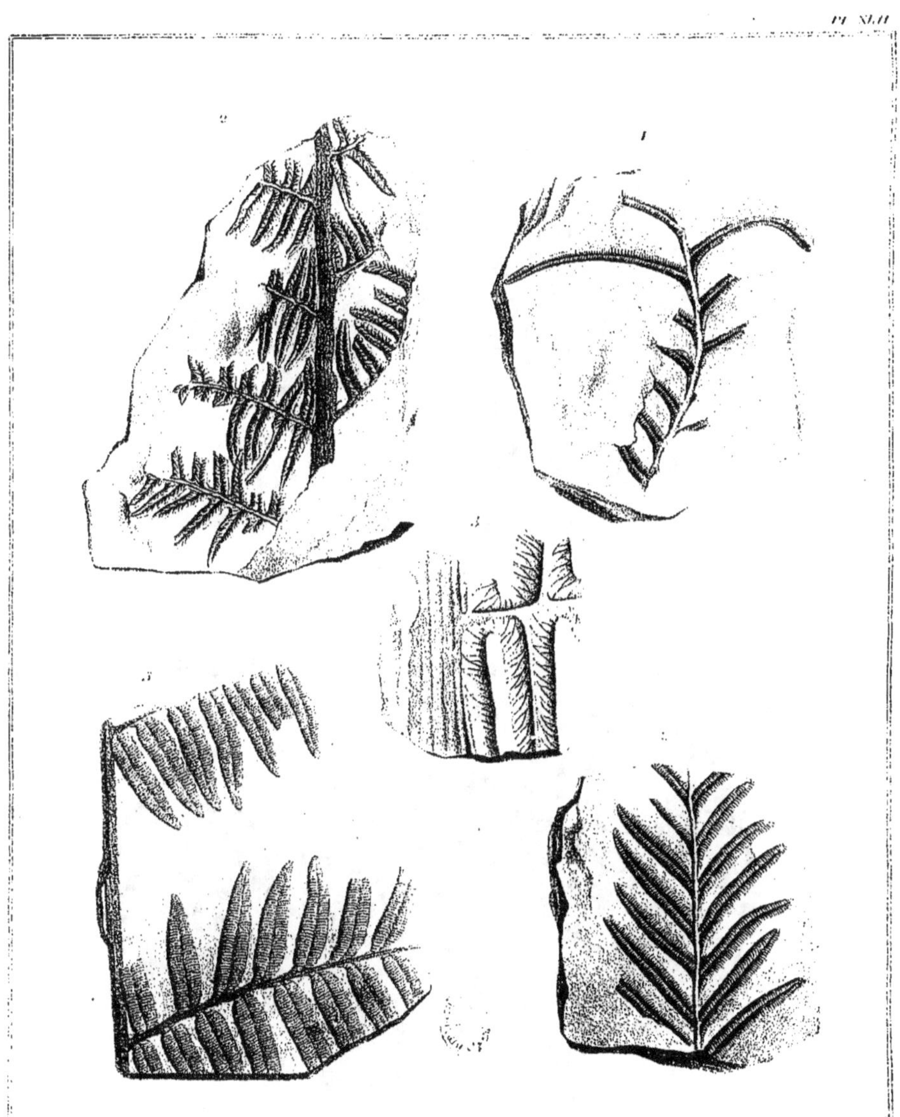

1. Pecopteris Rantelli - 2.3. Pecopt. Davreuxii - 4.5. Pecopt. Lonchitica.

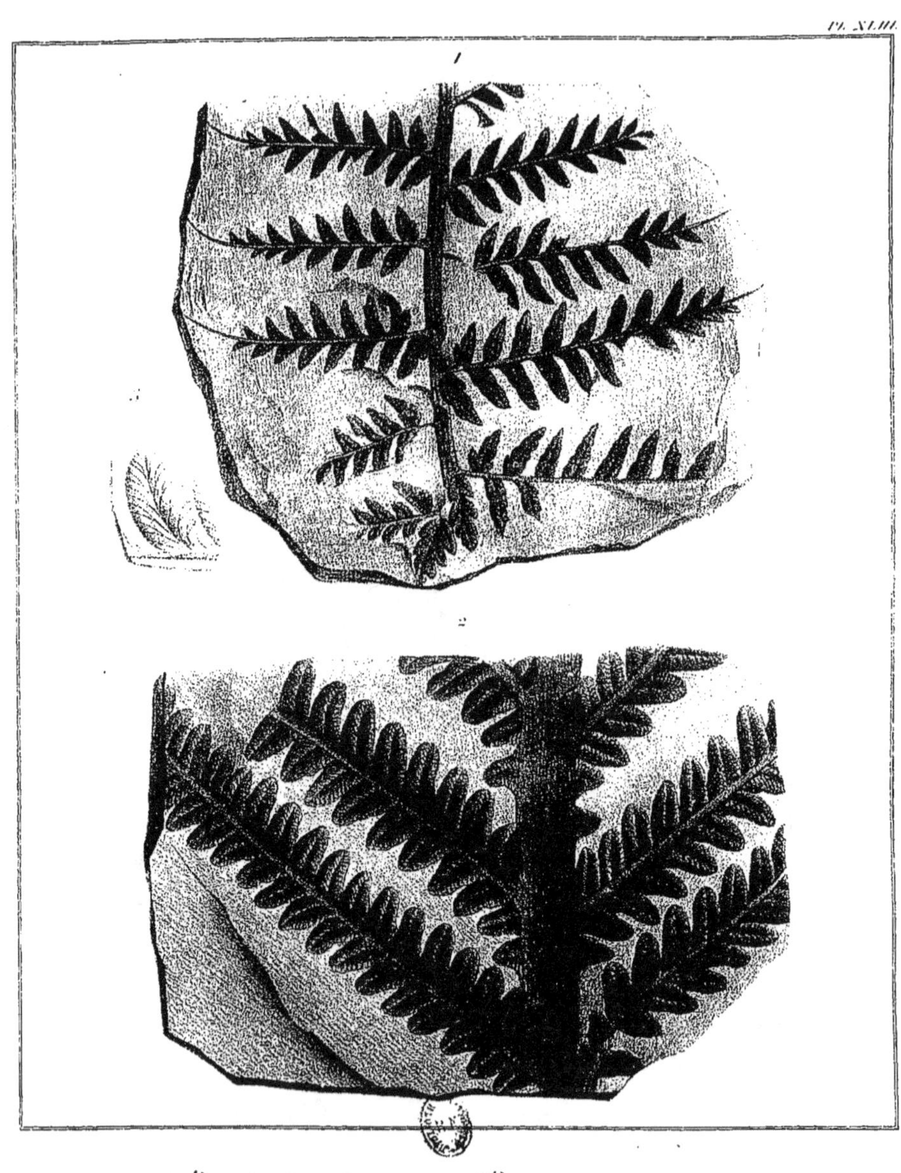

1. PECOPTERIS MURITICA.—2.3. PECOPT. GIGANTEA.

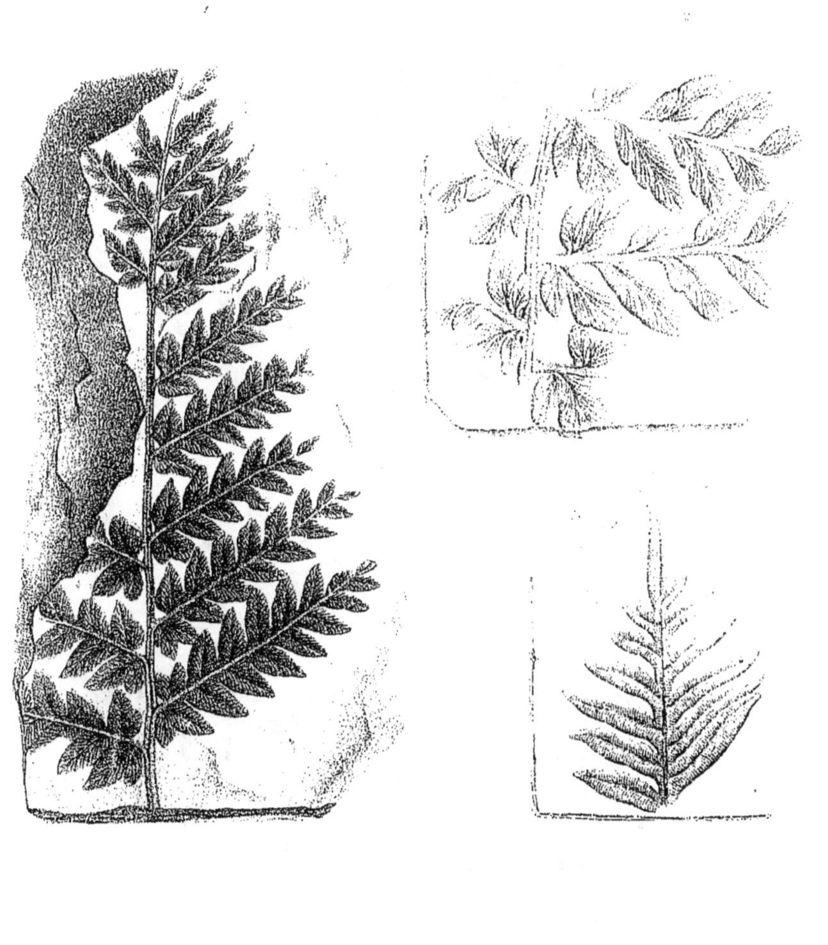

1 PECOPTERIS ALBUOSA. 2 PECOPT. MURICATA. 3 PECOPT. HANNONICA.

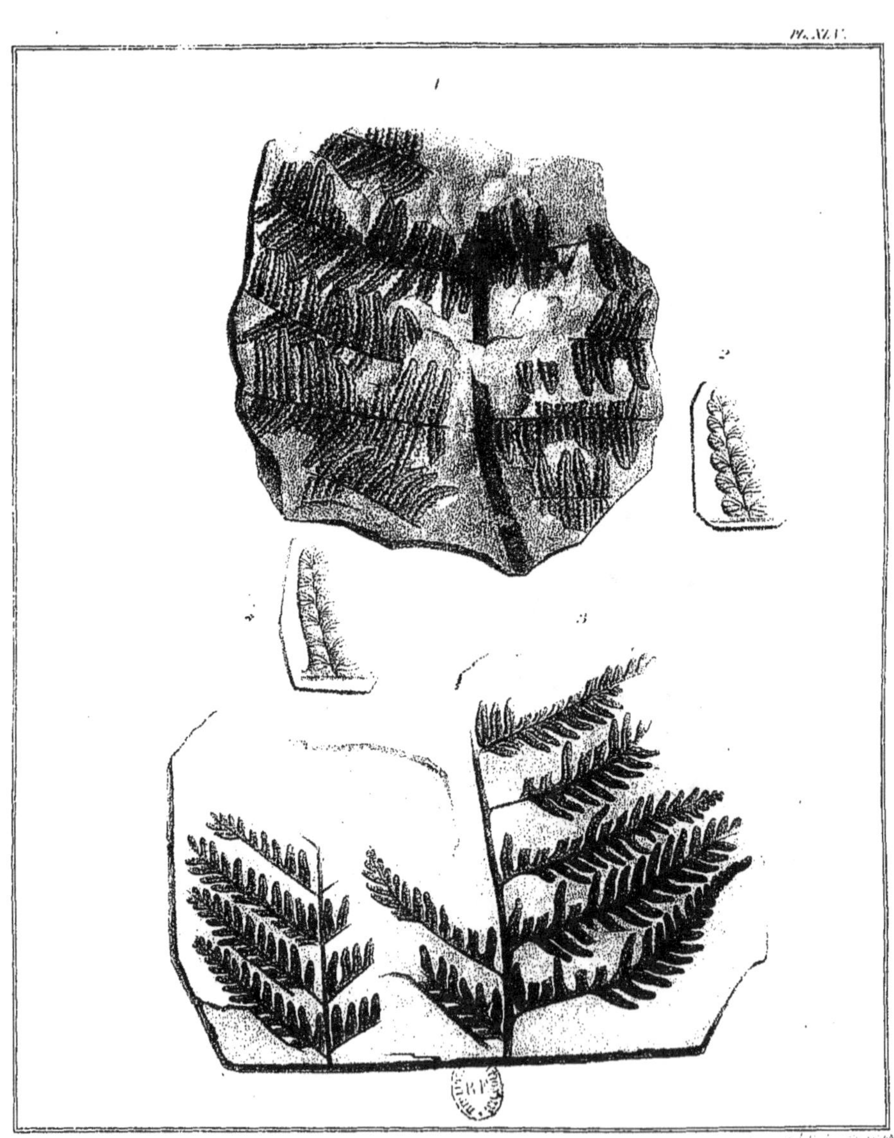

PECOPTERIS VOLCKMANNI.

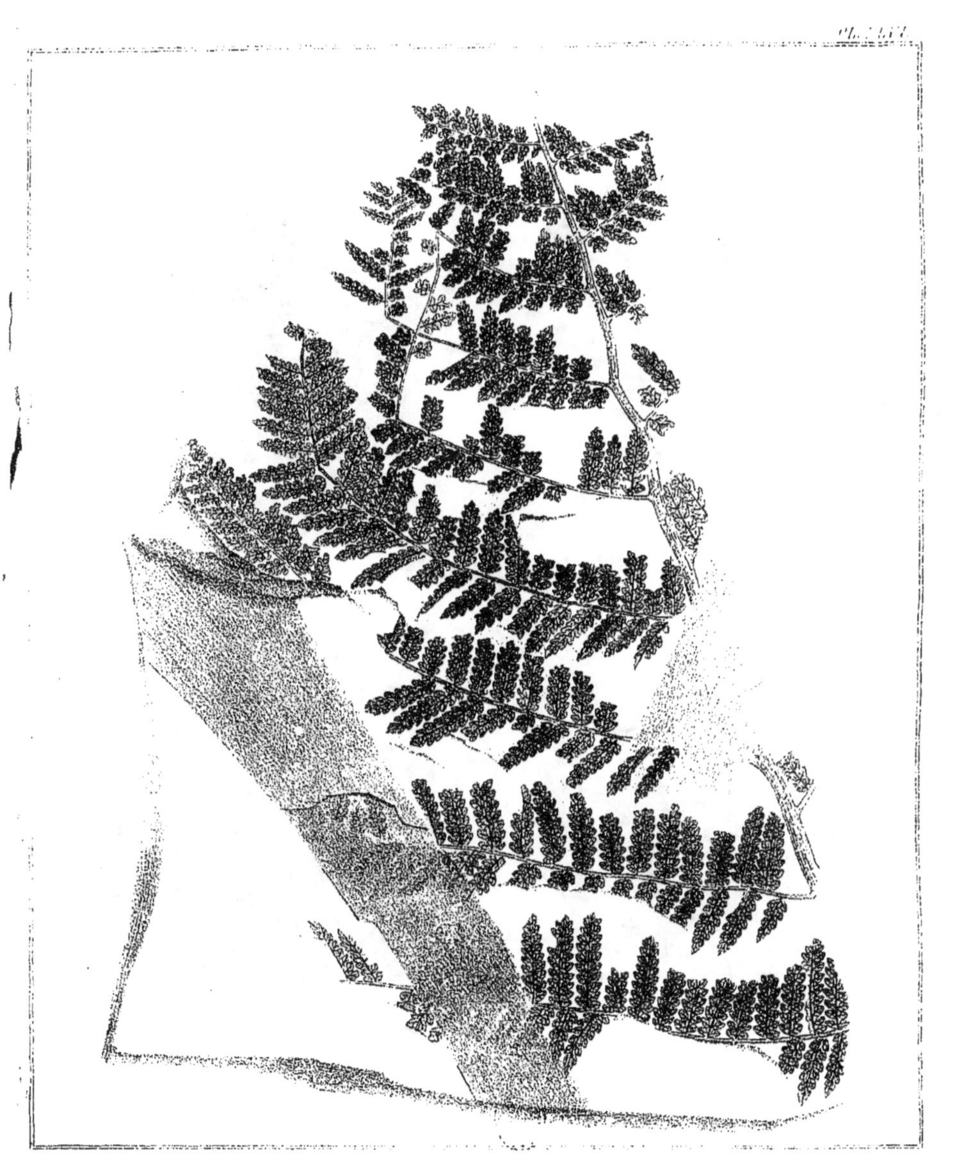

PECOPTERIS AMOENA

PECOPTERIS HETEROPHYLLA.

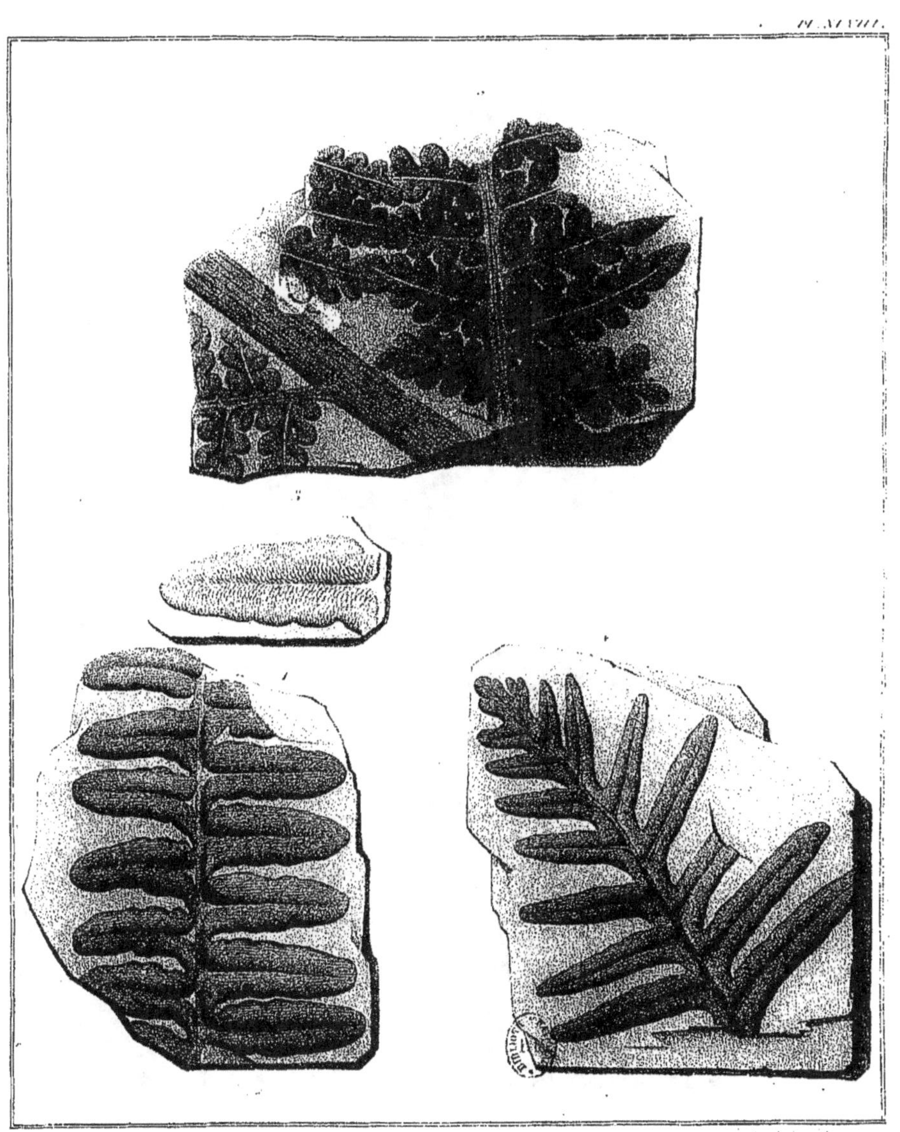

1.2.3. LONCHOPTERIS ELEGANS.—4. LONCHE ELONGATA.

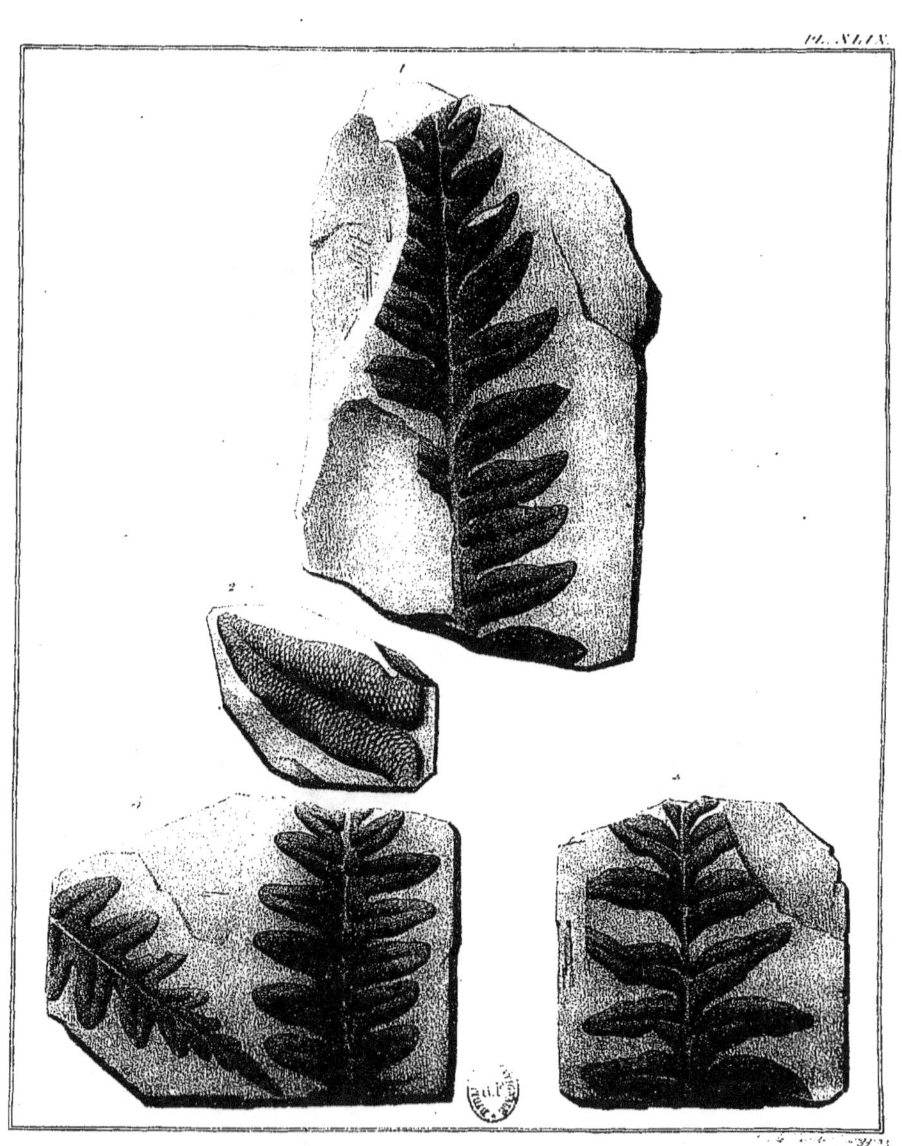

1.2. LONCHOPTERIS SUBACUTA. 3.4. LONCH: PECTINATA.

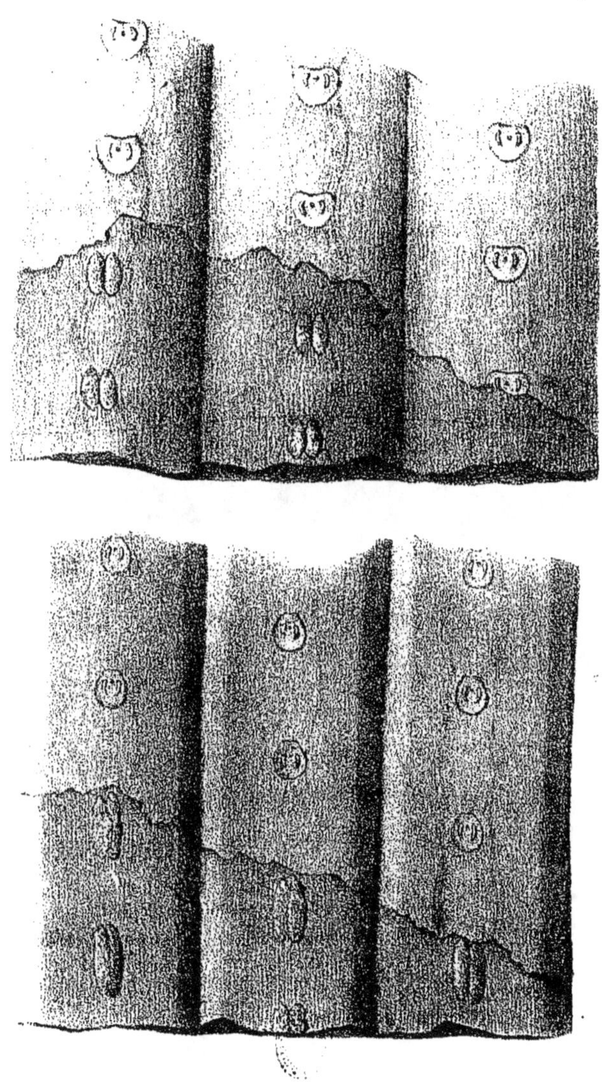

1. SIGILLARIA RENIFORMIS — 2. SIG. LEVIS.

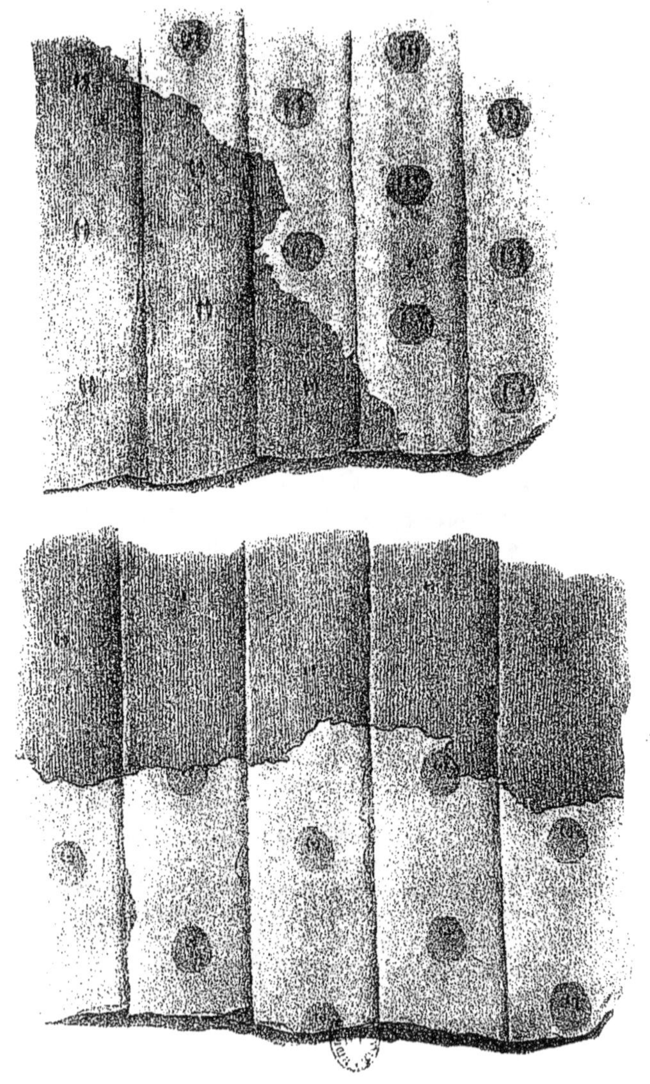

1. SIGILLARIA PELTATA.—2. SIG. OVATA.

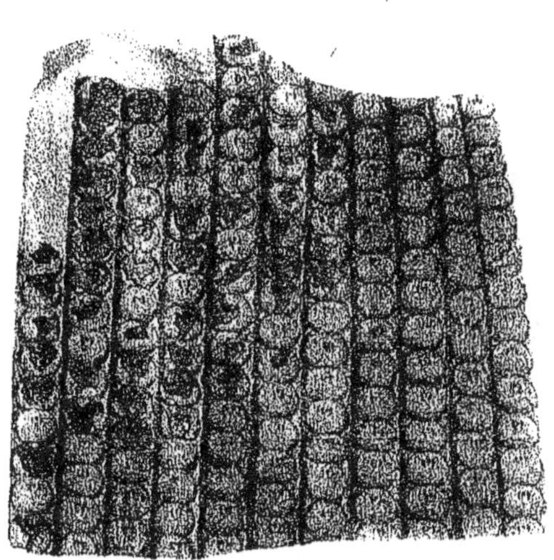

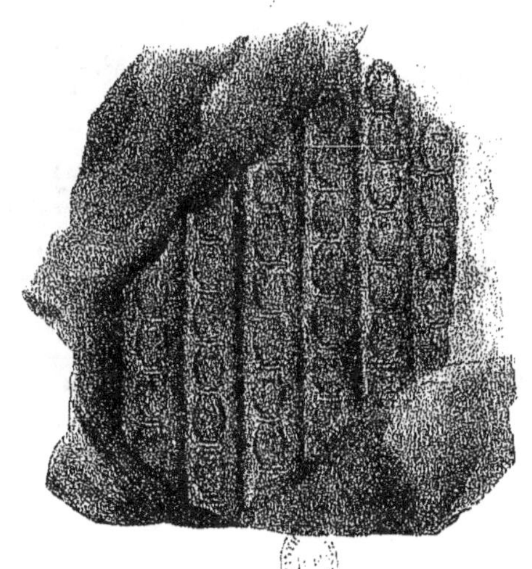

1. SIGILLARIA CONTIGUA.—2. SIG. PULCHELLA.

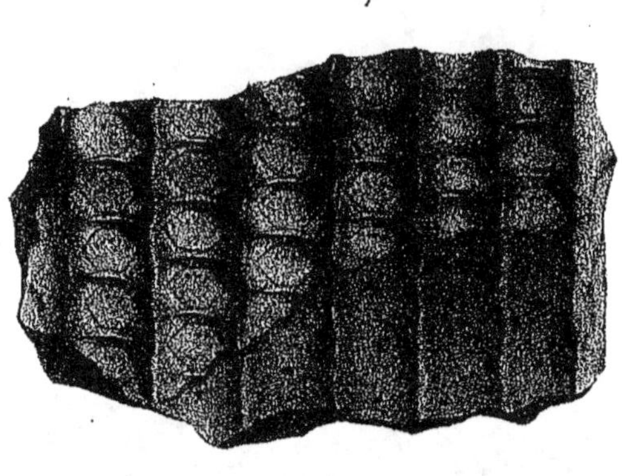

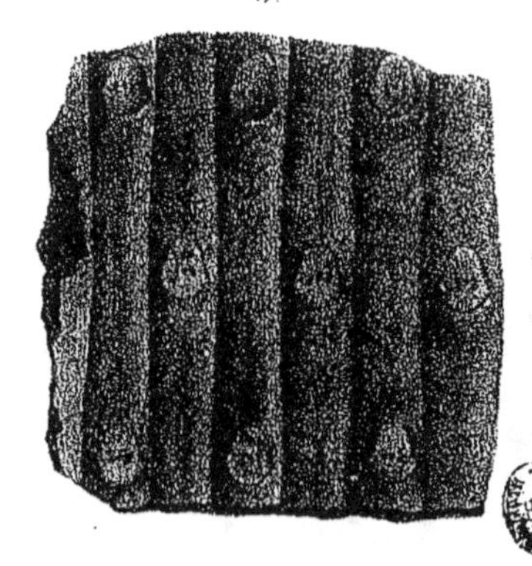

1. SIGILLARIA SEXANGULA. — 2. SIG. NOTATA. — 5. SIG. TESSELLATA.

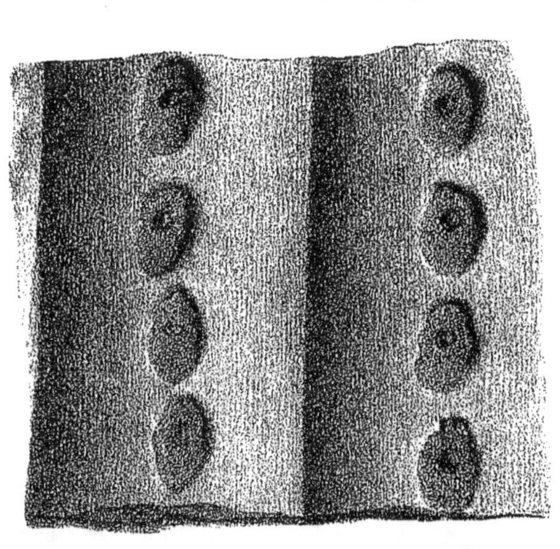

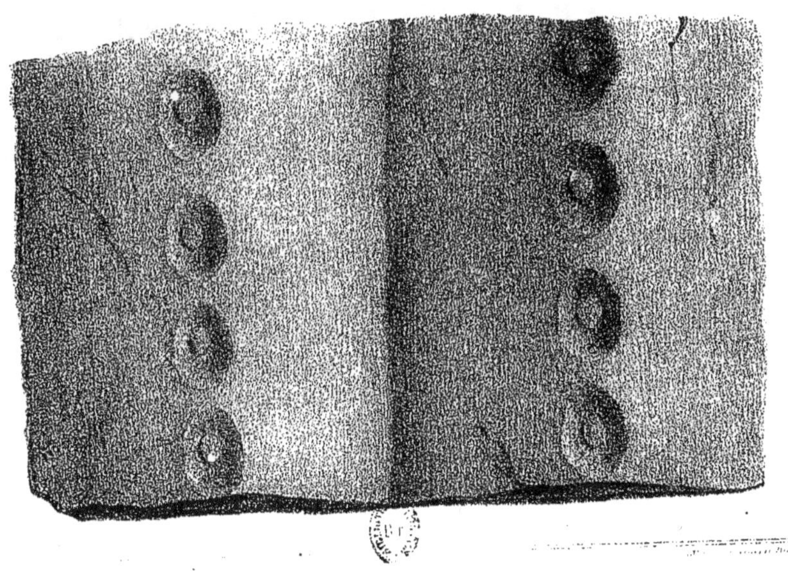

1. SIGILLARIA ANTIQUA. — 2. SIG. GIGANTEA.

1. SIGILLARIA DISTANS. — 2. SIG. MINUTA. — 3. SIG. ALTERNANS.

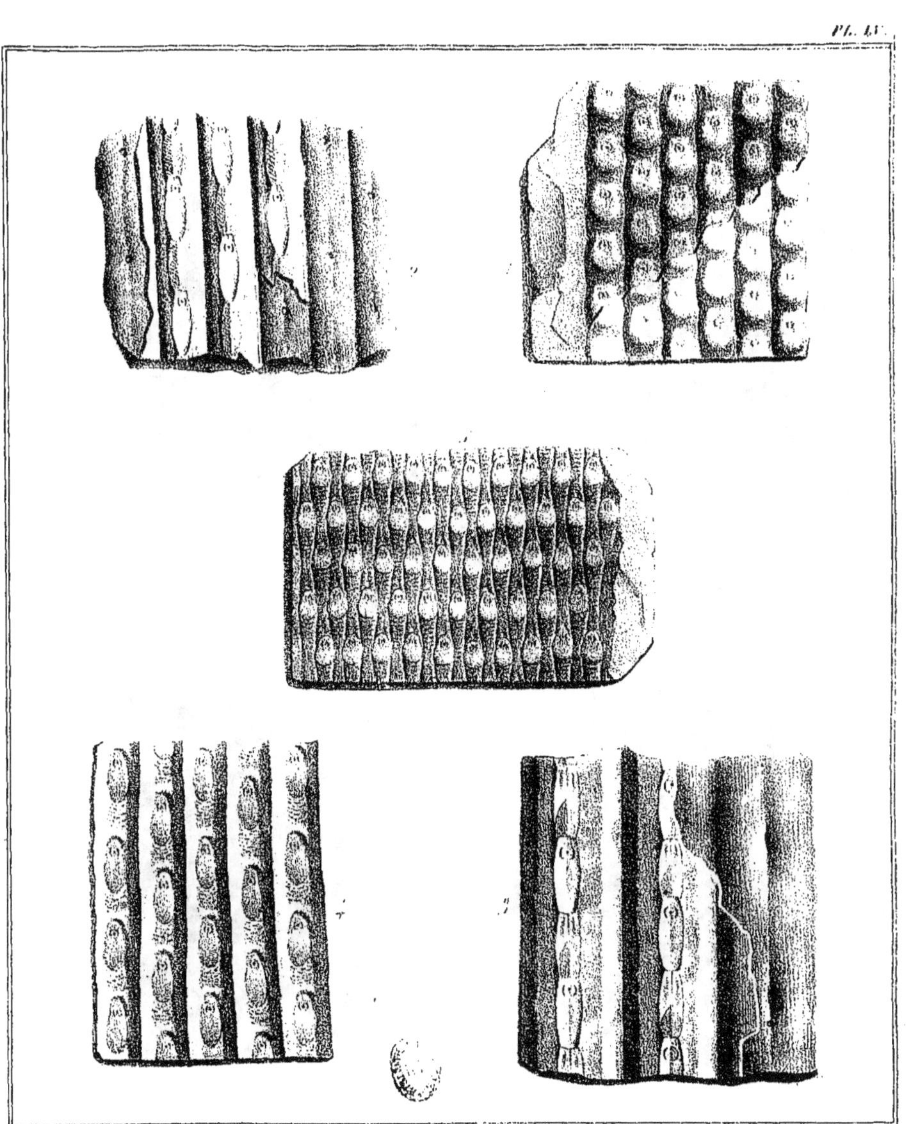

1. SIGILLARIA MAMILLARIS.- 2-3. SIG. ELONGATA.- 4. SIG. DAVREUXII- 5. SIG. ANGUSTATA.

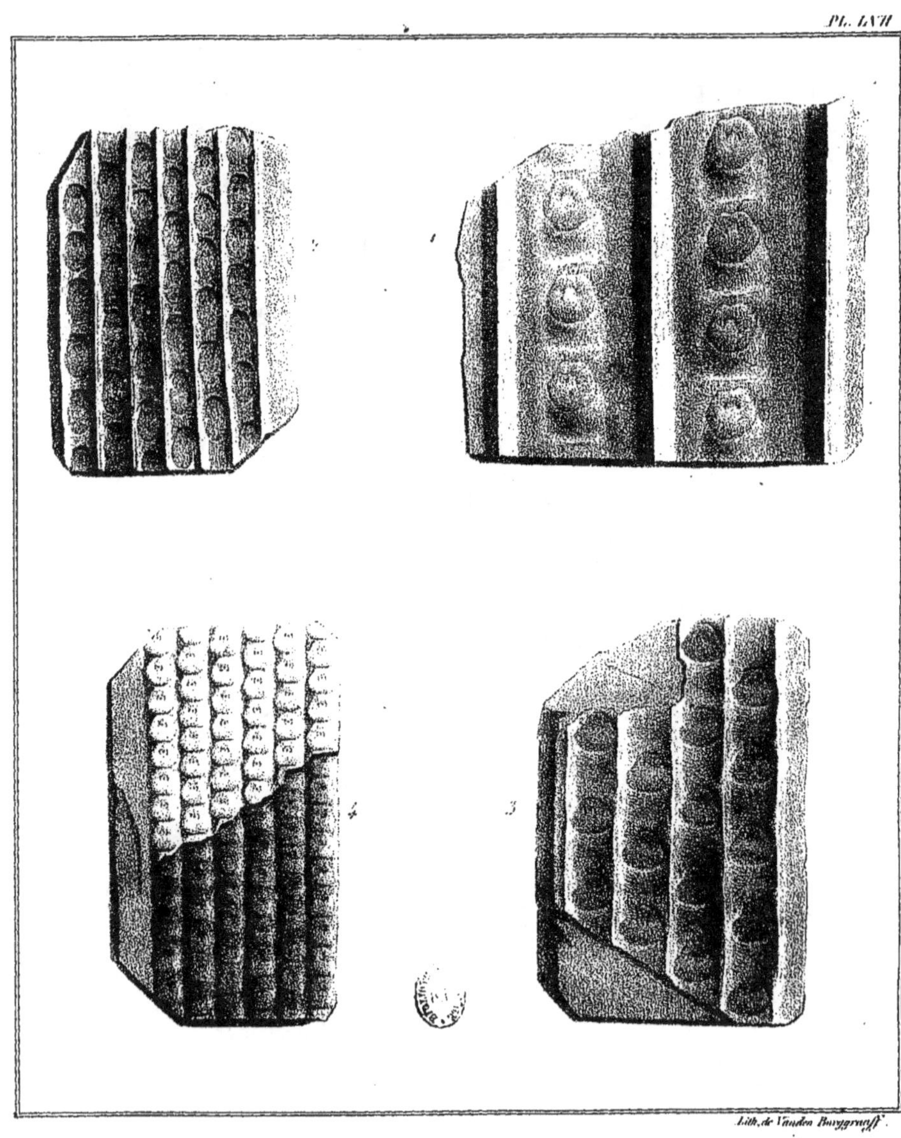

1. Sigillaria grandis.– 2. Sig. oblonga.– 3. Sig. walchii.– 4. Sig. morandii.

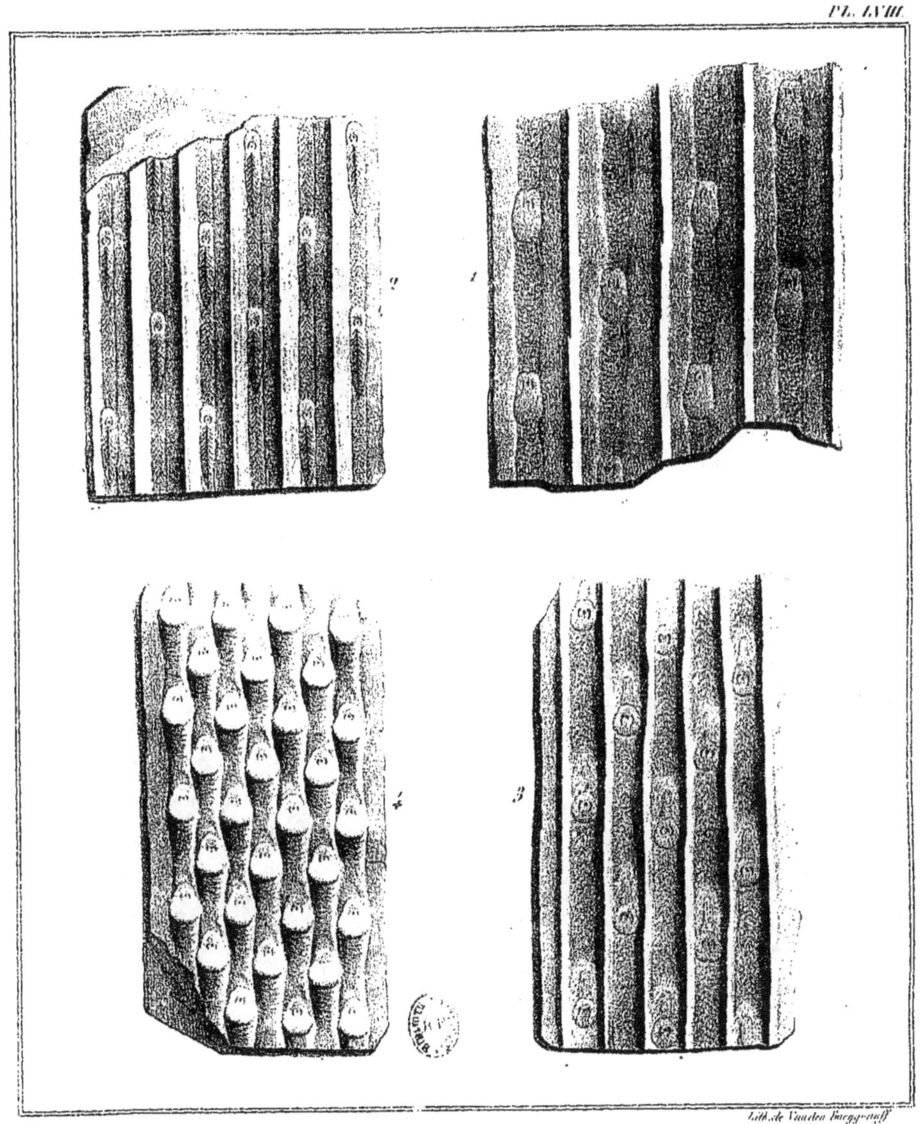

1. SIGILLARIA RIMOSA.—2. SIG. CRISTATA.—3. SIG. LENTICULARIS.—4. SIG. UNDULATA.

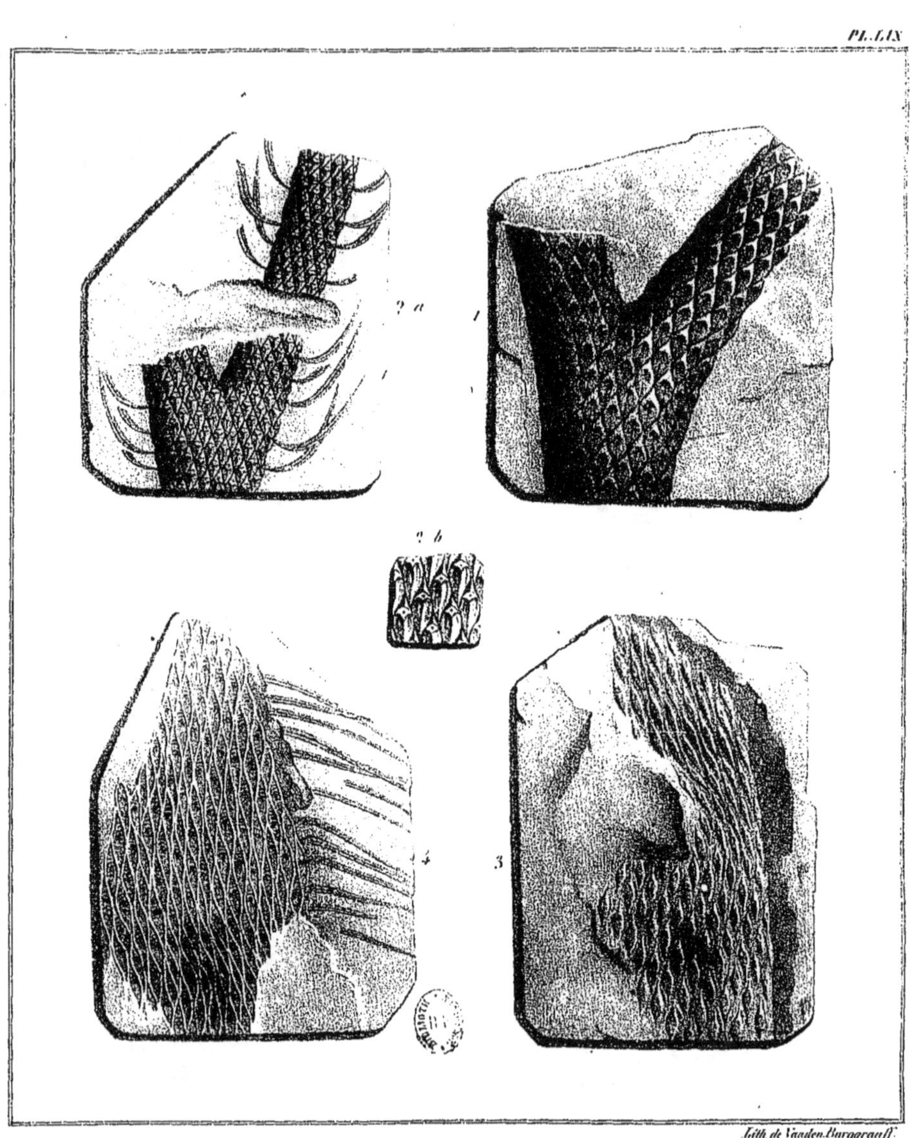

1. LEPIDODENDRON STERNBERGII - 2. A.B. LEP. OPHIURUS - 3. LEP. DISSITUM
4. LEP. ELEGANS.

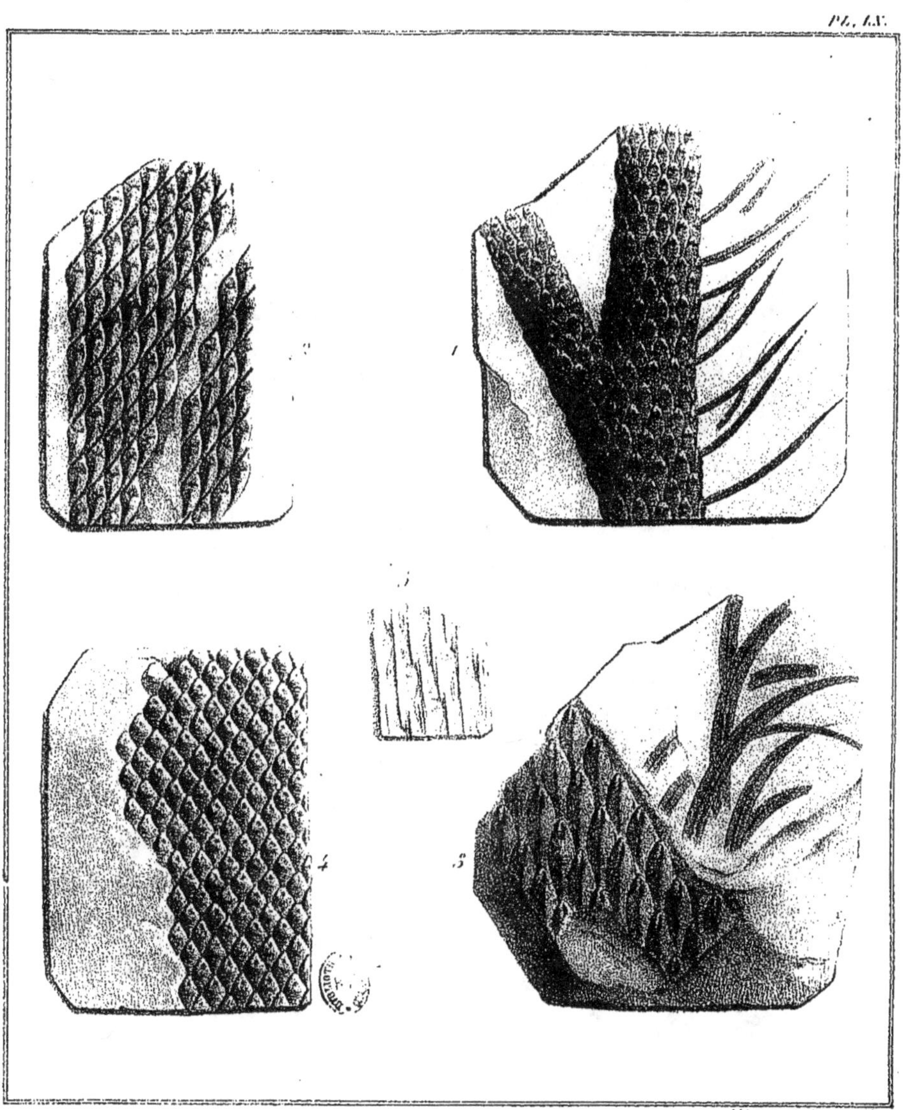

1. LEPIDODENDRON ELONGATUM - 2. LEP. CUNEATUM - 3. LEP. DILATATUM
4. LEP. GIBBOSUM.- 5. LEP. ALTERNANS.

1. LEPIDODENDRÒN COSTÆI - 2. LEP. OBTUSUM - 3. LEP. MINUTUM - 4. LEP. CLATHRATUM

5. LEP. CÆLATUM - 6. LEP. DISSITUM - 7. LEPIDOFLOYOS LARICINUM.

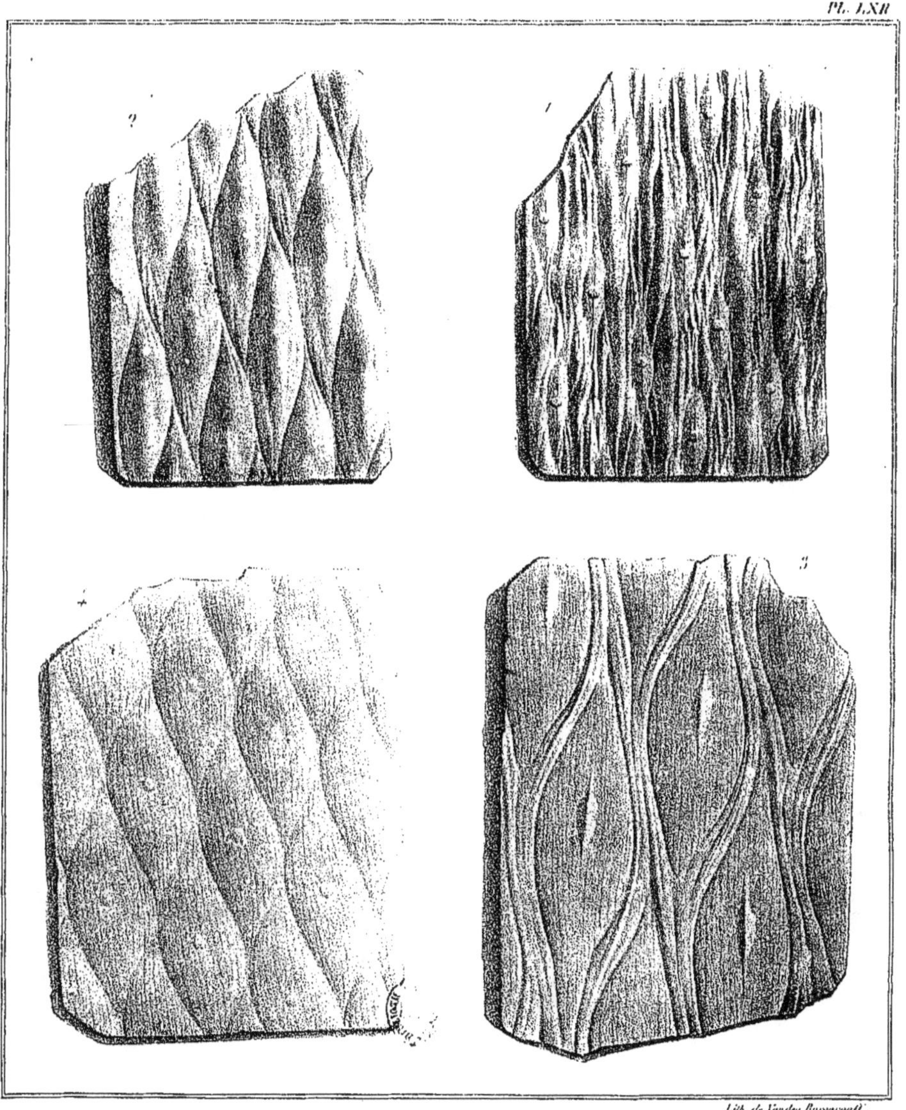

1. LEPIDODENDRON RIMOSUM.- 2. LEP. IMBRICATUM.- 3. LEP. CONFLUENS.- 4. LEP. UNDULATUM

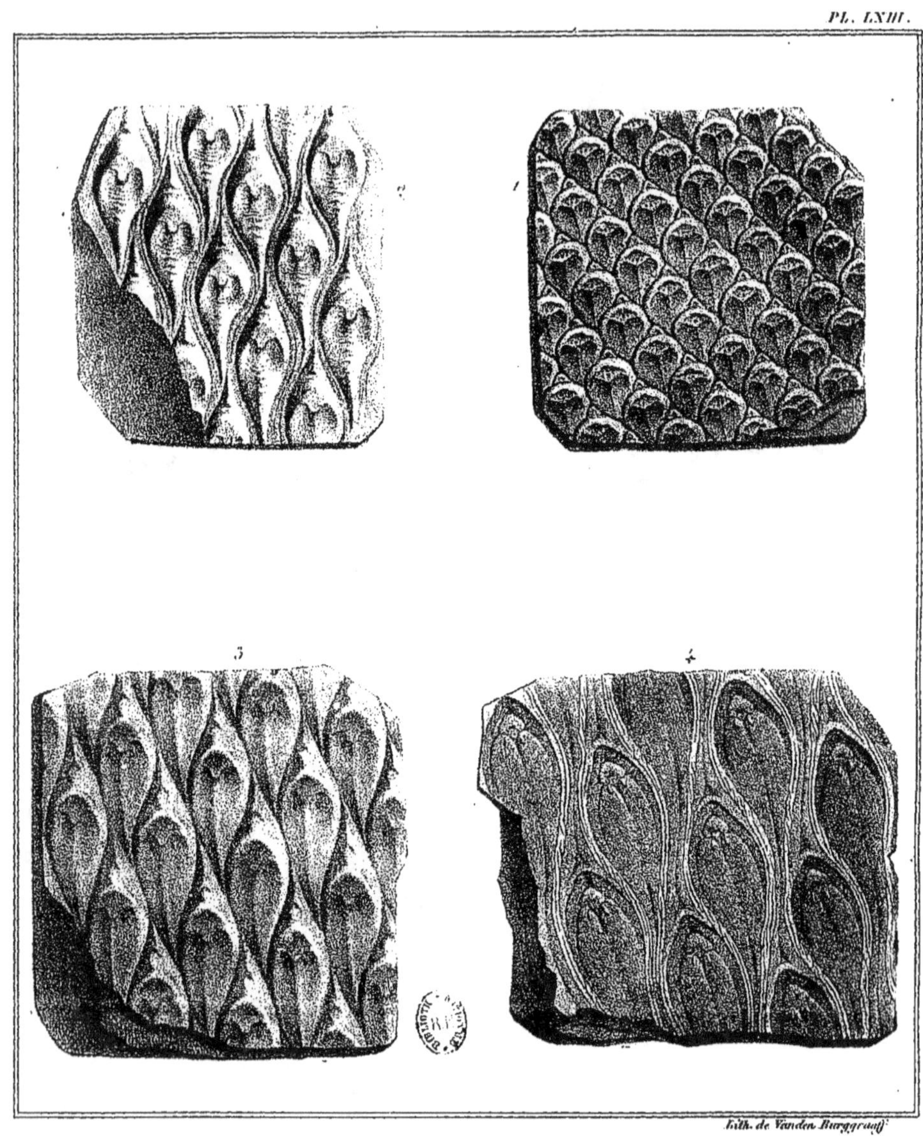

1. LEPIDODENDRON RHODIANUM.—2. LEP. CRENATUM.—3. LEP. OBOVATUM.—4. LEP. ACULEATUM.

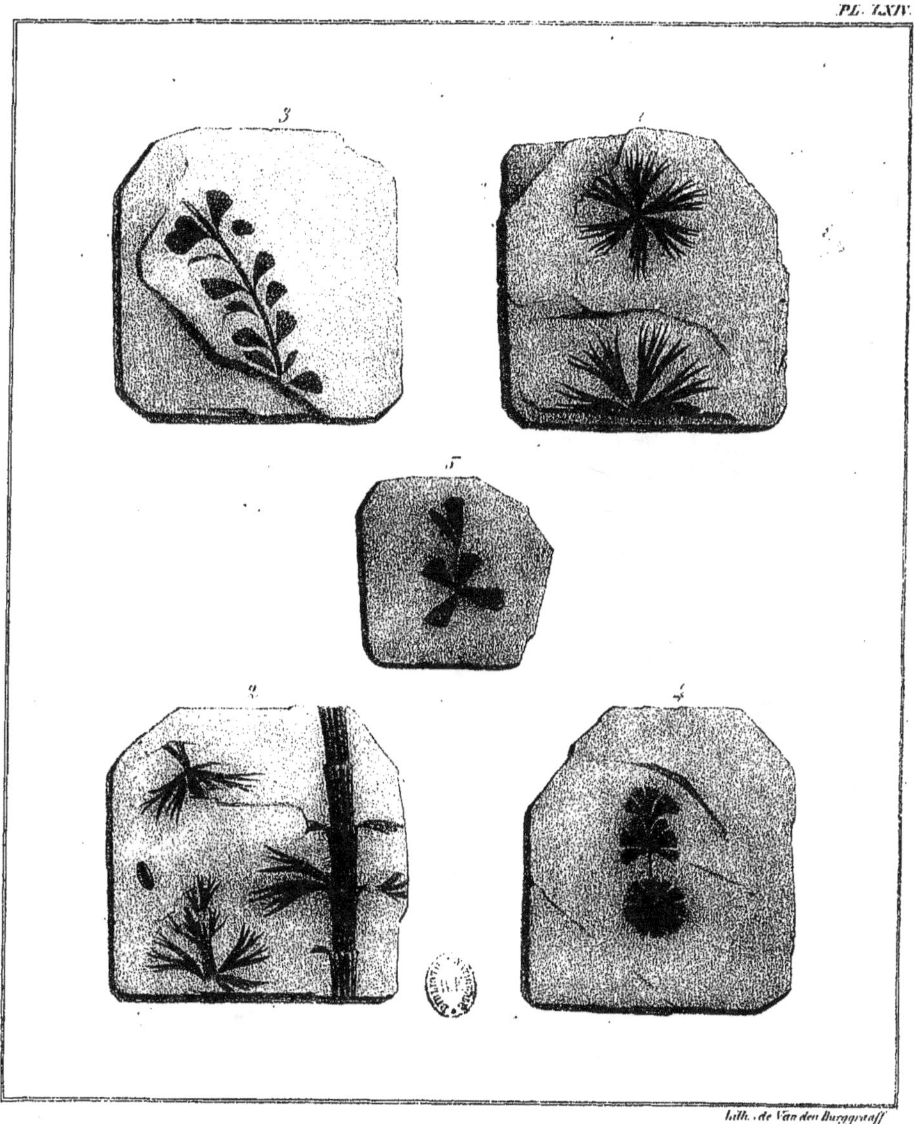

1-2. SPHENOPHYLLUM MULTIFIDUM - 5. SPH. SCHLOTHEIMII - 4. SPH. PUSILLUM -
5. SPH. QUADRIPHYLLUM.

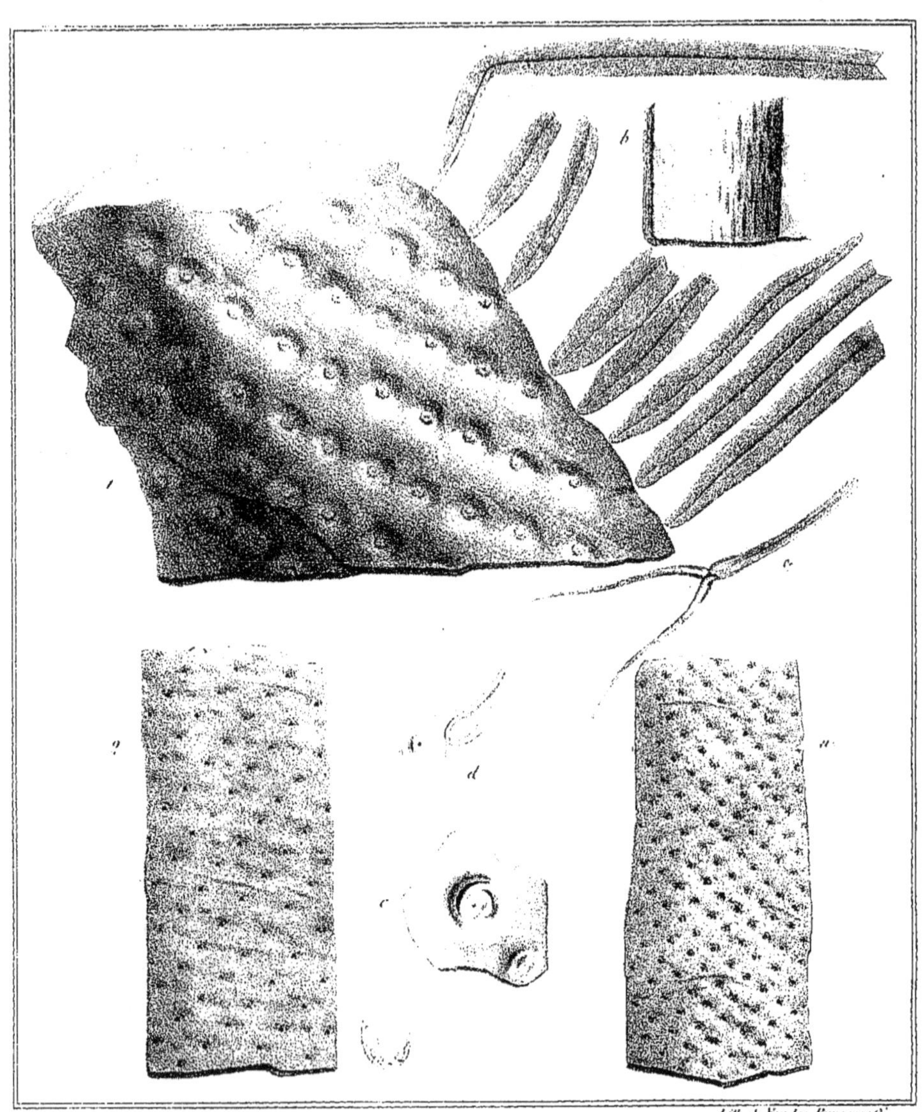

1. STIGMARIA FICOÏDOS. — 2. STIGM. MOSANA

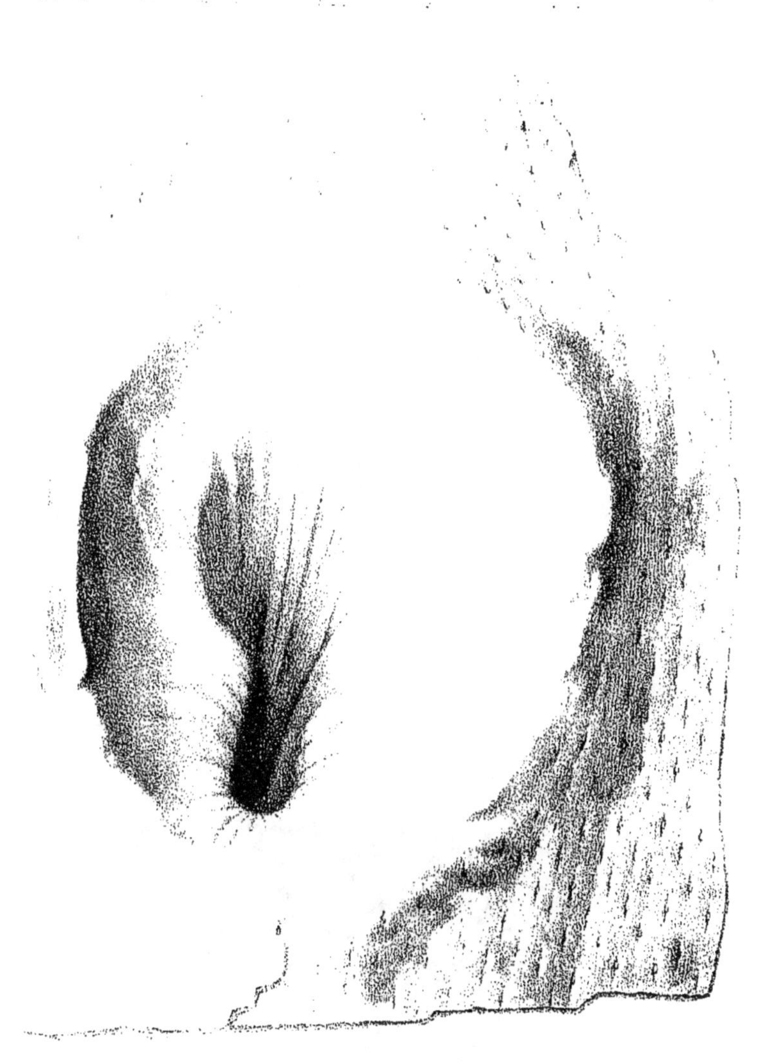

ASTEROCAULON RHODII

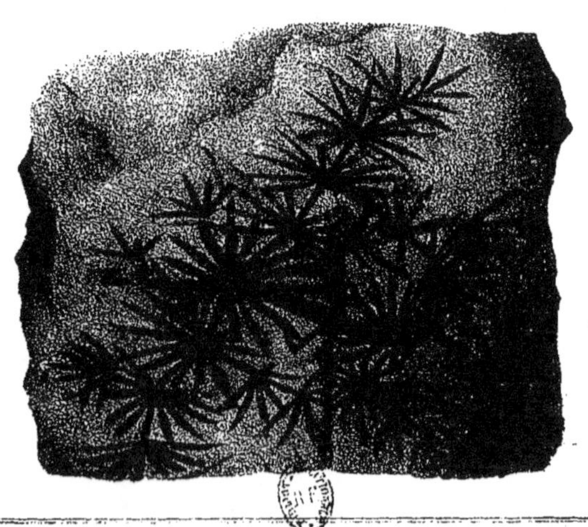

1. ANNULARIA ASTEROPHYLLOÏDES — 2. ANN. RADIATA.

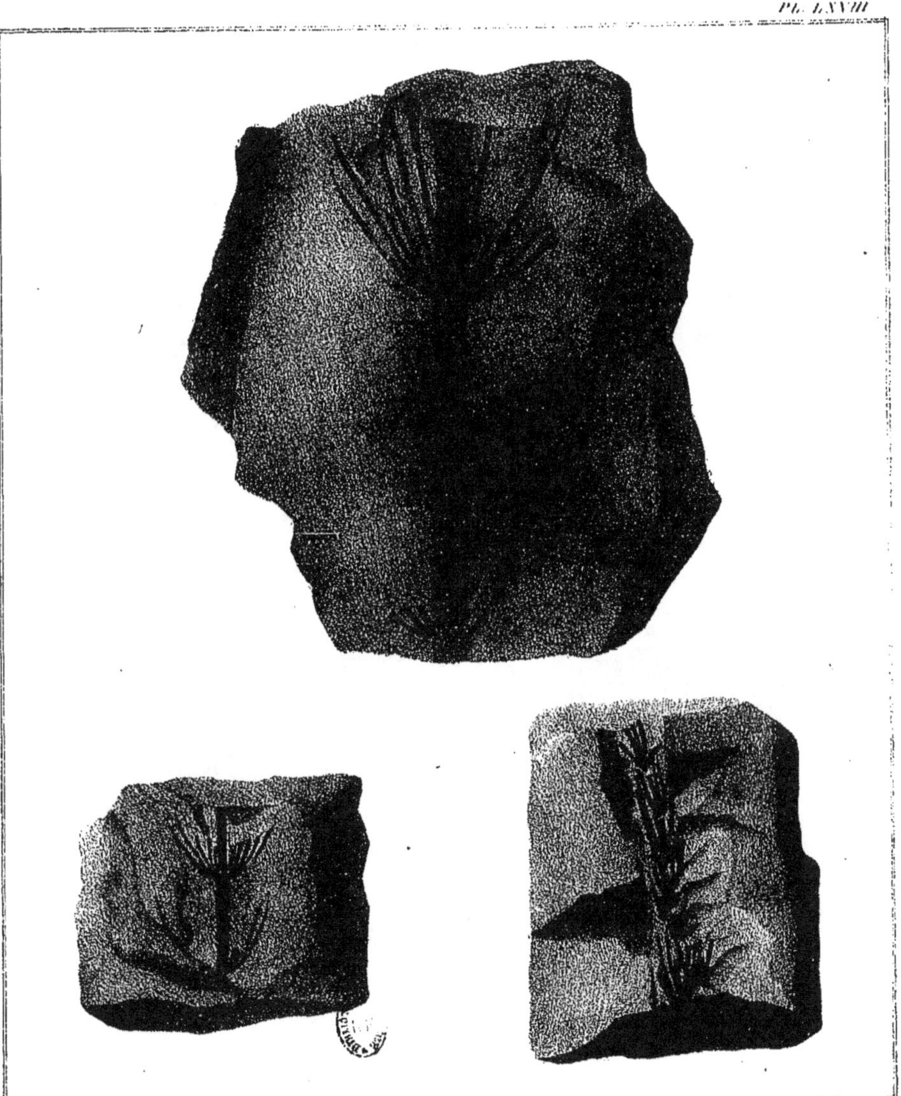

1. ASTEROPHYLLITES ELEGANS 2. AST. ARCUATA - 3. AST. RIGIDA.

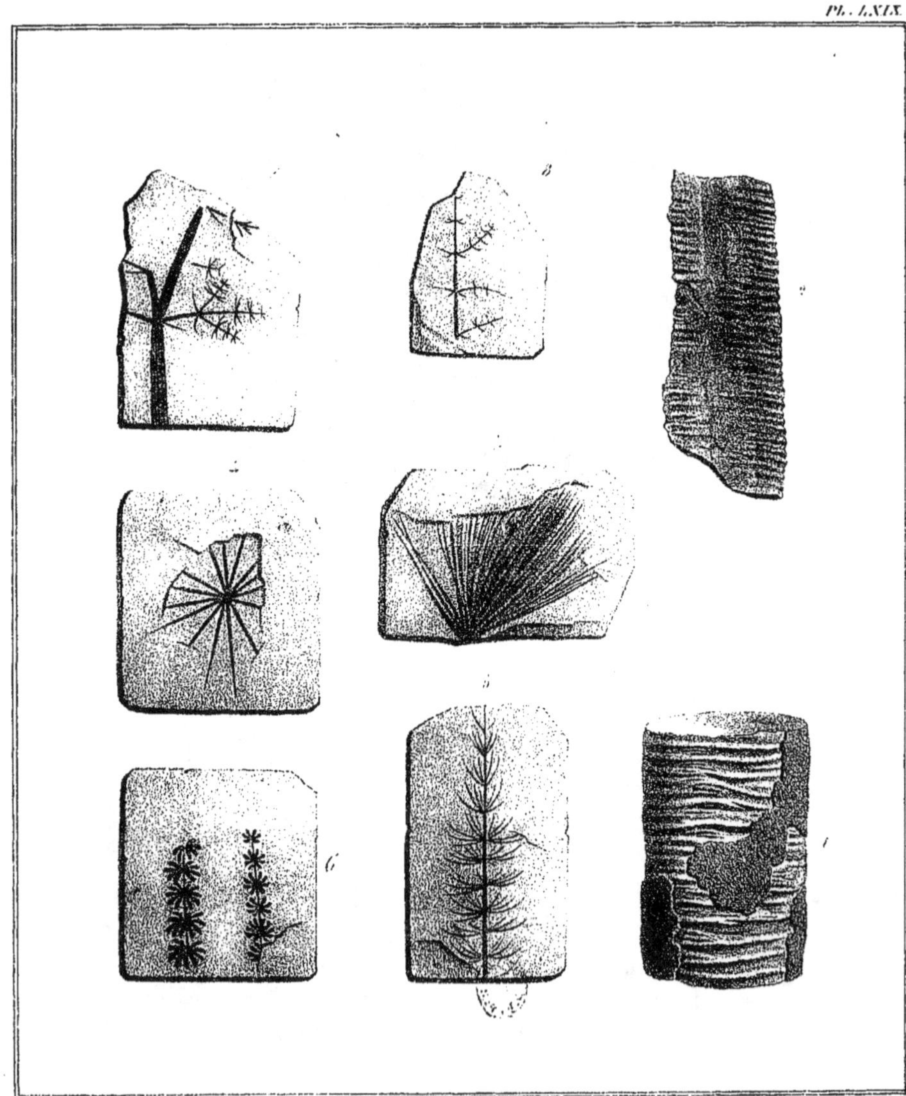

Lith. de Vanden Burggraeff

1. STERNBERGIA TRANSVERSA - 2. STERNB. MINOR. 3. ASTEROPHYLLITES. - 4. AST. PATENS.
5. AST. SUBULATA. - 6. ANNULARIA MICROPHYLLA - 7. - 8. BECHERA CHARÆFORMIS.

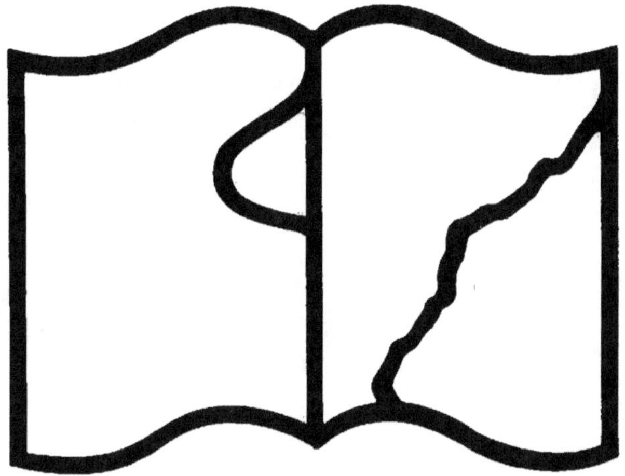

Texte détérioré — reliure défectueuse

NF Z 43-120-11

9 782016 173497